"十一五"国家重点图书出版规划项目

数学文化小丛书

李大潜　主编

千古第一定理
Qiangu Di-yi Dingli

——勾股定理

蔡宗熹

高等教育出版社·北京
HIGHER EDUCATION PRESS　BEIJING

图书在版编目（CIP）数据

数学文化小丛书.第2辑：全10册/李大潜主编. -- 北京：高等教育出版社，2013.9(2024.7重印)

ISBN 978-7-04-033520-0

Ⅰ.①数… Ⅱ.①李… Ⅲ.①数学-普及读物 Ⅳ.① O1-49

中国版本图书馆 CIP 数据核字（2013）第 226474 号

项目策划　李艳馥　李　蕊

策划编辑	李　蕊	责任编辑	张耀明	封面设计	张　楠
责任绘图	吴文信	版式设计	王艳红	责任校对	杨雪莲
责任印制	存　怡				

出版发行	高等教育出版社	咨询电话	400-810-0598
社　　址	北京市西城区德外大街4号	网　　址	http://www.hep.edu.cn
邮政编码	100120		http://www.hep.com.cn
印　　刷	保定市中画美凯印刷有限公司	网上订购	http://www.landraco.com
开　　本	787 mm×960 mm 1/32		http://www.landraco.com.cn
总 印 张	28.125		
本册印张	4.25	版　　次	2013 年 9 月第 1 版
本册字数	80 千字	印　　次	2024 年 7 月第11次印刷
购书热线	010-58581118	定　　价	80.00 元

本书如有缺页、倒页、脱页等质量问题，请到所购图书销售部门联系调换
版权所有　侵权必究
物 料 号　12-2437-48

数学文化小丛书编委会

顾　问：谷超豪（复旦大学）
　　　　项武义（美国加州大学伯克利分校）
　　　　姜伯驹（北京大学）
　　　　齐民友（武汉大学）
　　　　王梓坤（北京师范大学）
主　编：李大潜（复旦大学）
副主编：王培甫（河北师范大学）
　　　　周明儒（徐州师范大学）
　　　　李文林（中国科学院数学与系统科
　　　　　　　　学研究院）
编辑工作室成员：赵秀恒（河北经贸大学）
　　　　　　　　王彦英（河北师范大学）
　　　　　　　　张惠英（石家庄市教育科
　　　　　　　　　　　　学研究所）
　　　　　　　　杨桂华（河北经贸大学）
　　　　　　　　周春莲（复旦大学）
本书责任编委： 杨桂华

数学文化小丛书总序

整个数学的发展史是和人类物质文明和精神文明的发展史交融在一起的.数学不仅是一种精确的语言和工具、一门博大精深并应用广泛的科学,而且更是一种先进的文化.它在人类文明的进程中一直起着积极的推动作用,是人类文明的一个重要支柱.

要学好数学,不等于拼命做习题、背公式,而是要着重领会数学的思想方法和精神实质,了解数学在人类文明发展中所起的关键作用,自觉地接受数学文化的熏陶.只有这样,才能从根本上体现素质教育的要求,并为全民族思想文化素质的提高夯实基础.

鉴于目前充分认识到这一点的人还不多,更远未引起各方面足够的重视,很有必要在较大的范围内大力进行宣传、引导工作.本丛书正是在这样的背景下,本着弘扬和普及数学文化的宗旨而编辑出版的.

为了使包括中学生在内的广大读者都能有所收益,本丛书将着力精选那些对人类文明的发展起过重要作用、在深化人类对世界的认识或推动人类对世界的改造方面有某种里程碑意义的主题,由学有

i

专长的学者执笔,抓住主要的线索和本质的内容,由浅入深并简明生动地向读者介绍数学文化的丰富内涵、数学文化史诗中一些重要的篇章以及古今中外一些著名数学家的优秀品质及历史功绩等内容.每个专题篇幅不长,并相对独立,以易于阅读、便于携带且尽可能降低书价为原则,有的专题单独成册,有些专题则联合成册.

希望广大读者能通过阅读这套丛书,走近数学、品味数学和理解数学,充分感受数学文化的魅力和作用,进一步打开视野、启迪心智,在今后的学习与工作中取得更出色的成绩.

李大潜
2005年12月

目　　录

引言

勾股定理

一、《周髀算经》上的勾股定理 …………… 1

二、禹之治水与勾股测量术 ………………… 12

三、小学生能听明白的证明 ………………… 20

四、中国古代八学者的证明 ………………… 29

五、文明古国对定理的贡献 ………………… 46

六、《几何原本》上的勾股定理 …………… 56

七、勾股定理其他证明种种 ………………… 64

八、从勾股定理到勾股数组 ………………… 84

九、从勾股定理到数学危机 ………………… 93

十、数学大师首书刘徽勾股 ………………… 100

附录　关于勾股定理的命名及商高是否

　　证明了勾股定理·····················114

参考文献·································118

致谢·····································121

引 言

千古第一定理——勾股定理是人类最早发现并用于生产、观天、测地的第一个定理.

勾股定理是数学中第一个最伟大的定理:它是联系数学中最基本、最原始的两个对象——数与形的第一定理;它导致不可公度量的发现,揭示了无理数与有理数的区别,引发了第一次数学危机;它开始把数学由计算与测量的技术转变为论证与推理的科学;它的公式是第一个不定方程,也是最早得出完整解答的不定方程.清代著名数学家梅文鼎在《弧三角举要》自序中说:"全部曆书皆弧三角之理,即皆勾股之理."《畴人传》中也说:"欧罗巴测天专恃三角八线,所谓三角即古之勾股也."有关勾股定理的上述重大意义与文化价值,书中都将给予介绍.

有人把勾股定理视为几何学中光彩夺目的明珠,供人欣赏而千古不衰.由于它的迷人魅力,千百年来人们冥思苦索给出多达三百多种的证明,是证明方法第一多的定理.这些证明既验证了勾股定理又大大地丰富了研究问题的思想和技巧.笔者自 1973 年被借用在安徽省教育局编写五年制中学数学教材时,开始收集勾股定理的各种证明与应用,受益匪浅.本书结合证者历史与证题技巧分节分类重点介绍 30 多种证明,有的证明特别简单,有的证明极其精彩.

数学大师苏步青院士,中学时对欧氏几何的一个定理给出 24 种证明,他常教导学生一题多解是学习数学的好方法. 为倡导苏先生的"一题多解"领会数学的思想方法和精神实质,通过证明勾股定理是最好的实践.

2002 年国际数学家大会在北京召开,大会的会标就是三国时期赵爽证明勾股定理的"弦图";中国科学院数学与系统科学研究院的院标也是"弦图",足见数学家对勾股定理的敬重.

勾 股 定 理

直角三角形中,两条直角边的平方之和等于斜边的平方.

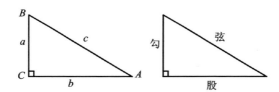

若直角三角形两直角边分别记为 a, b, 斜边记为 c, 那么

$$a^2 + b^2 = c^2.$$

古代将直角三角形中短的直角边称为勾,长的直角边称为股,斜边称为弦,则勾股定理为

$$勾^2 + 股^2 = 弦^2.$$

一、《周髀算经》上的勾股定理

勾股定理是初等数学中最重要、最有用的定理，而且是人类文明史上第一个出现的定理.

《周髀算经》成书于公元前2世纪西汉时期，它既是我国最古老的天文学著作，又是最古老的数学著作. 该书原名《周髀》，唐初国子监（中国封建时代最高的教育管理机关，也兼指最高学府）的官员认定它是最宝贵的数学遗产并将其列为国子监明算科的教材之首，故改名《周髀算经》. 这部著作是用数学讨论"盖天说"宇宙模型，反映了古代天文学与数学的紧密结合. 从数学角度上看，《周髀算经》的主要成就是分数运算、勾股定理及其在天文测量中的应用，其中关于勾股定理的论述最为突出.

人类对自然界的认识是随着实践经验的积累而逐步深入的. "盖天说"是古代的一种宇宙学说. 最初主张天圆地方，即天体呈圆形像张开的伞，大地呈方形像棋盘；后来更改为天像一个斗笠，地像覆着的盘。天在上，地在下，日月星辰沿天盖而运动.

人类离不开太阳、离不开土地，自然而然关心"盖天说"中的天有多高、地有多广. 《周髀》一开篇就记载了西周开国时期（约公元前1100年）周公姬旦与大夫商高关于天高地广的问答.

周公问商高:天没有阶梯可以攀登,地没有尺子可以度量,请问如何求得天之高地之广呢?商高回答说:"故折矩以为勾广三,股修四,径隅五."即按勾三股四弦五的比例去算(注:广者阔也;修者长也;隅者边也).

什么是"勾""股"呢?我国古代,人们把弯曲成直角的手臂似的三角形的上半部分短的直角边称为"勾",下半部分长的直角边称为"股".当勾长为3,股长为4的时候,直角三角形的斜边(即弦或径隅)长度必定是5,这是勾股定理的特例.

周公又问商高用矩测量的方法.《周髀》首章记载:"周公曰:大哉言数!请问用矩之道.商高曰:平矩以正绳,偃矩以望高,覆矩以测深,卧矩以知远.环矩以为圆,合矩以为方".矩是古代人所用的曲尺,由互相垂直的两条直尺在端点连接而成.若矩的一条直尺和铅垂线(准绳)一起垂直地平面,则曲尺的另一条直尺必定在水平的位置.将矩的一条直尺 CE 直立,另一条直尺 AC 放平,如图 1.1,从点 A 仰视高处的一点 P,视线 AP 与曲尺的 CE 相交于点 B,由 $\dfrac{BC}{AC} = \dfrac{PO}{AO}$,那点 P 的高度 PO 有关系式

$$PO = \frac{BC}{AC} \cdot AO.$$

量得 BC 和 AO,就可以计算出高度 PO. 同理,将直尺 CE 倒过来往下垂,就可以俯视深处的目标而测量它的深度. 将矩 ACE 全放在水平面上也可以用来测量两物间的距离. 根据商高所说,用矩可以

测量高度、深度和广度,由此可见商高掌握相似勾股形原理是肯定的(史料记载公元前 2100 年,夏禹治水时就已了解并运用相似勾股形原理).

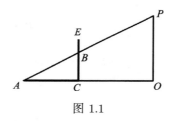

图 1.1

"勾三股四弦五"是勾股定理的特例,确切知道一般勾股定理的是陈子. 据《周髀》卷上第二章记载:"昔者荣方问于陈子曰:今者窃闻夫子之道,知日之高大,光之所照,一日所行,远近之数,人所望见,四极之穷,……". 陈子讲了一套测日方法后,说:"若求邪至日者,以日下为句,日高为股,句股各自乘,并而开方除之,得邪至日,从髀所旁至日所十万里". 古代人将勾字写成"句",与现代句子的"句"一样;邪同斜.

盖天说时期,以为地是平的,从太阳向地平面作垂线,垂足称为日下点. 太阳、日下点和观测点三点构成一个直角三角形(即勾股形). 以观测点到日下点的距离为勾,日下点到太阳的距离(即太阳的高)为股,勾、股各自乘,相加起来再开方,即得观测点到太阳的距离(邪至日).

"勾股各自乘,并而开方除之",这十一个珍贵的大字是普遍勾股定理在我国的最早记载. 这是陈子从天文测量中总结出来的普遍定理.《周髀》中有很多计算,陈子等人广泛地应用着勾股定理.

下面介绍陈子的测日方法. 设在 A, B 两处立表(即"髀") AA' 和 BB' (如图1.2),记表高为 h,表距为 d,两表日影差为

$$b - a = BD - AC,$$

a、b 所指如图示. 用两表(髀)测日影以求日高、日远公式为

$$日高 SO = H + h = \frac{h \times d}{b-a} + h = \frac{表高 \times 表距}{日影差} + 表高;$$

$$日远 AO = \frac{a \times d}{b-a}.$$

这些计算公式的证明,将在第 10 节给出.

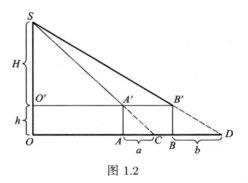

图 1.2

确切知道普遍勾股定理并给出测日方法的陈子是什么年代的人? 这是众所关心的问题. 中国地质学先驱章鸿钊(1877—1951)根据天文资料考证出陈子最晚是公元前六七世纪的人,可能发现这个普遍勾股定理要比毕达哥拉斯稍早,至晚也可以说是和毕

达哥拉斯同时独立发现[1]. 梁宗巨教授认为"定他是公元前六七世纪时人是恰当的, 也就是和毕达哥拉斯大约同时或稍早"[2].

我桌上有三本数学史权威著作, 他们都异口同声地说: 商高和《周髀》并未给出勾股定理的证明, 《周髀》主要是以文字形式叙述了勾股算法. 我国证明勾股定理的第一人是赵爽.

赵爽又名婴, 字君卿, 约生活于公元3世纪初(东汉末至三国时期), 吴国人. 赵爽学识渊博, 熟读《周髀》, 仰慕《周髀》, 觉得《周髀》意旨简约而深远, 言语曲折而中和, 担心这部算经由于使人难于理解其意而日久埋没, 故为算经作图加注, 逐段详细解释经文. 他撰写的"勾股圆方图"说, 附录于《周髀》首章的注文中, 确是我国数学史上具有极高学术价值的文献. 文献总结了后汉时期(公元25—220年)勾股算术的辉煌成就, 文字十分简练, 全文只有530余字, 附图6张, 阐理透彻. 不但对勾股定理和其他关于勾股弦的恒等式给出了相当严格的证明, 还对二次方程的解法提出了创新的意见.

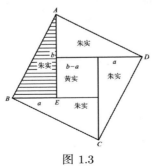

图 1.3

赵爽对勾股定理给出一个漂亮易懂的证明，如图 1.3，"这几乎是一篇无字论文，构思之巧妙，推理之严格、之简洁，令千载后人为之叫绝（王树禾语）"。从赵爽的图 1.3 可以看出正方形 $ABCD$ 的面积 C^2 被剖分为 4 个"朱实"和一个"黄实"，即

$$\begin{aligned}C^2 &= 4\times\left(\frac{1}{2}ab\right)+(b-a)^2\\&=2ab+b^2-2ab+a^2\\&=a^2+b^2,\end{aligned}$$

即直角三角形 ABE 斜边长度的平方等于两直角边长度平方之和. 赵爽"勾股圆方图"中的原文是：

句股各自乘，并之为弦实，开方除之即弦. 案：弦图又可以句股相乘为朱实二，倍之为朱实四，以句股之差自相乘为中黄实，加差实亦成弦实.

详见图 1.4，勾股圆方图，复制自《中国大百科全书·数学》彩图插页 18；图 1.5 是《周髀算经》宋刻本上的弦图（现存于上海图书馆）. 古代人将面积、数的平方和被开方数等称为"实"，赵爽文中"弦实"是指弦长为边的正方形的面积. "弦图"是以弦为方边的正方形，再在其内作四个全等的勾股弦形，各以正方形的边为弦，如图 1.5 或图 1.3. 赵爽称勾股弦形的面积为"朱实"，称中间小正方形的面积为"黄实"或"中黄实". 2002 年 8 月，第 24 届国际数学家大会（ICM—2002）在北京召开. 图 1.6 是第 24 届大会的会标，其中央图案是经过艺术处理的"弦图". 它标志着中国古代的数学成就和国际数学家对"弦图"的敬重，因为它给出了千古第一定

理的证明.

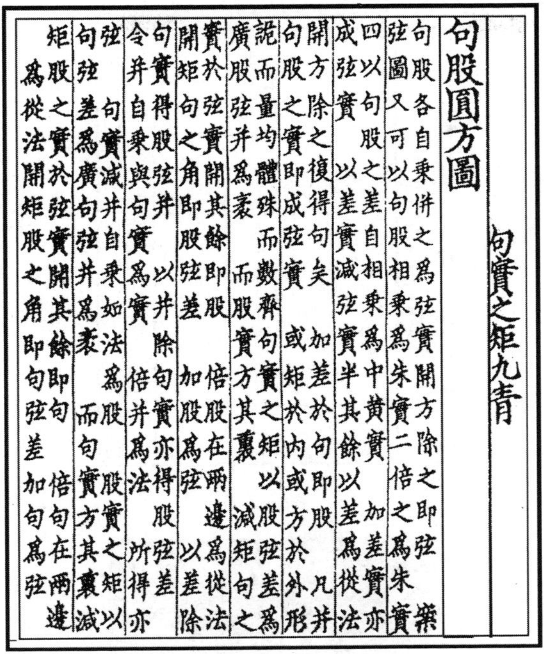

句股圆方图　句实之矩九青

句股各自乘併之为弦实开方除之即弦
又以句股相乘为朱实二倍之为朱实
四以弦实自相减其余以半其余为中黄实加差实亦成弦实
成弦实复得句矩实或矩于内或矩于外形并
开方除之复得句股开方除之即句股
説而量均成差也而数幂实
廣股弦并为大股句实即股弦差
句股弦并自乘即大股弦并以乘句股弦差即句实
开矩于弦并为大股句实如法为法除
令并得实自乘股与弦并以乘股弦差即句实如法为法除
句弦差为实股自乘为法除之即股弦差加倍句为弦两边减
弦句差为实广股自乘为法除之即句弦差加倍股为弦两边减
矩为从法开矩股之角即句弦差加倍句弦在弦两边减

图 1.4

作者按：唐朝李淳风等选定数学课本时，认定《周髀》是最宝贵的数学遗产，将它作为"十部算经"的第一部书. 清朝，在康熙皇帝大力支持下，在皇宫里编译的《数学精蕴》（历时 31 年，1721 年脱稿，1723 年出版）是一部 53 卷的数学大百科全书. 第一卷中叙述了"数理本源"和"周髀经解"两节，借以说明中国古代数学的"本源"和它的悠久历史. "周髀经解"认为《周髀》首章周公和商高对话的 264 个字,确实是"成周六艺之遗文",是最可宝贵的数学文献,因此重为注解.

图 1.5

图 1.6

下面的图 1.7 (1)、(2)、(3) 是赵爽 (君卿)、李淳风注释的《周髀》(1213 年刻本) 首章开篇 264 字中的前 133 个字. 提供它的目的: 其一, 想让读者与作者共同欣赏历史上的经书是什么样的; 其二, 细读注释发现砍柴谋生的布衣数学家赵爽的人品; 其三, 认真琢磨这 133 个字, 能否窥见大夫商高已经给出勾股定理的证明.

周髀筭經卷上

趙君卿注

甄鸞重述

唐朝議大夫行太史令上輕車都尉臣李淳風等奉勑注釋

昔者周公問於商高曰竊聞乎大夫善數也 周公姓姬名旦武王之弟商高周時賢大夫善筭者也周公位居冢宰德則至聖尚卑己以自牧下學而上達況其凡乎

請問古者包犧立周天曆度 包犧三皇之一始畫八卦以商高善數能通乎微妙達乎無方無大不綜無幽不顯聞包犧立周天曆度建章蔀之法易曰古者包犧氏之王天下也仰則觀象於天俯則觀法於地此之謂也

夫天

图 1.7(1)

不可階而升地不可得尺寸而度邈乎懸廣無
邈遠無階可升蕩乎
度可量請問數安從出心昧其機商高曰數之
共結一角邪適弦五此圓方者邪徑之所謂言方
法出於圓方圓徑一而周三方徑一而匝四伸
曰數然則周公之所問天地也是制其法所謂圓
之形以見其象因奇耦之數以制其法所謂言方
之旨通矣
圓出於方方出於矩以方規之數理
約也通物出之矩出於九九八十一萬通圓方長
妙旨通矣
矩出於九九八十一故將爲句股之辭
以矩正物出之故折矩
以方矩廣長也
之數當須乘除以計之故折矩
九九者秉除之原也
以爲句廣三廣句亦廣廣短者謂之股脩
折矩故曰

四隅股亦隅脩長者謂之徑隅五自然相應之率也亦隅直角也句股之法先知句股二數然後推一見知句股之

弦謂之既方之外半其一矩然後推一見知句股之

後求弦方其外或并句股之實以求弦實成勢化爾乃變通之中或并句股之實以求弦實各自乘成其實并句股之實

故曰既方之其外或半其一矩亦矩其實不正等更相取與互乃求句股之分并其實各自乘三三如九

得故曰半其一矩爲弦自乘之實二十五減句之實九

四四一十六并爲弦自乘之實二十五減股之實十六

弦股於弦自乘之實

環而共盤得成三四五而并減之讀如盤屈而共取盤之謂開方除之其一兩矩共長二十有五是

面故曰得成三四五也

謂積矩兩矩者并句股各自乘之實共長者并實也

之數將以施於萬事而此先陳其率也

故禹之所以治天下者此數之所生也禹決治洪水決流

二、禹之治水与勾股测量术

——勾股定理对社会发展与人类文明所起的作用

自《尚书》、《诗经》有文字记载以来，无不歌颂夏禹治水的丰功伟绩．两千五百多年前，我国古代伟大的思想家、教育家孔子还有"微禹吾其鱼乎"之赞叹！意思是如果没有夏禹我们将是鱼类啊！

大约四千多年前的尧舜时代，也就是我国从原始公社社会向奴隶制社会过渡的父系氏族公社时期．那时还是石器时代，生产能力很低，生活条件很艰苦，有些大河每隔一年半载要闹水灾．有一次，黄河流域发生了特大的水灾，洪水横流，滔滔不息，房舍倒塌，住处被冲，田园被淹，五谷无收，人民丧生．活着的人被逼逃到山上去躲避．部落联盟首领尧，请各部落首领共商治水大事．大家公推禹的父亲鲧（gǔn）去治理．尧说："他很任性，可能办不成大事"．但首领们坚持让鲧去试一试．按当时部落联盟的规矩，联盟首领的意见与大家的意见不相符，首领要听从大家的意见．尧只好采纳大家的建议，勉强同意鲧去治水．鲧只懂得水来土挡、筑堤造坝．洪水来时，不断加高加厚土层堤坝．但由于洪水凶猛不断冲塌这些土质堤坝,洪水反而闹得更凶了.鲧花了九年时间治水,劳民伤财,一事无成,没有把洪水制伏.

舜接替尧做部落联盟首领之后,亲自巡视治水情况,发现鲧办事不力,束手无策,误了大事,就把鲧办罪处死.随后,舜指派鲧的儿子禹继续治水,还派商族的始祖契、周族的始祖弃、东克族的首领伯益等人前去协助.

大禹受命之时(大约公元前 2100 年),因为洪水已经泛滥到全国,华夏大地一片汪洋,人人都在饥饿、死亡线上挣扎,人力物力又都极度匮乏,要不是先有一个正确的方法,如何能制订出像《尚书·禹贡》上记载的那一个大计划来,又如何能顺利地处处达到成功.大禹吸取共工和先父鲧治水失败的教训,经过 13 年的艰苦努力,竟把这次空前的洪水彻底给收拾了.究竟他用的是什么方法呢?原来他的方法是本源于数学,最主要的是一种勾股测量术.

据汉代司马迁撰著的《史记·夏本纪》记载,大禹治水时,"陆行乘车,水行乘舟,泥行乘橇,山行乘檋,左准绳,右规矩"(这里"规"就是圆规,"矩"就是曲尺)."行山表木,定高山大川".从《史记》的记载可知,当时治水使用了简单的交通工具,还使用了简单的数学工具规矩和准绳.规矩和准绳如何使用呢?上节末尾,《周髀算经》首章前 133 个字的后几句话,给出了极恰当的回答:"故折矩以为句广三,股修四,径隅五.既方之,外半其一矩,环而共盘,得成三、四、五.两矩共长二十有五,是谓积矩.故禹之所以治天下者,此数之所生也"."此数"指的是"勾三股四弦五".最后这句话的意思就是说:勾三股四弦五的初步勾股术是禹治天下时发现的.禹之治天下是从治水开始的,也就是说大禹用此术去治水.规矩和准绳就是根据"勾三股四弦五"这一勾股定理的特例去测量地形地貌.

如前所述,赵爽曾对《周髀算经》逐段进行详细的注释.赵爽对"故禹之所以治天下者,此数之所生也"的注释是:"禹治洪水,决流江河,望山川之形,定高下之势,除滔天之灾,释昏垫之厄,使东注于海而无浸逆,乃勾股之所由生也".赵爽生活在公元3世纪,比赵爽早500多年的战国时期有一部古籍《路史后记十二注》,其中有这样的记载:"禹治洪水决流江河,望山川之形,定高下之势,除滔天之灾,使东注海,无漫溺之患,此勾股之所系生也".这两段话的意思是说:大禹为了治理洪水,使不决流江河,根据地势高低,决定水流走向,因势利导,使洪水注入海中,不再有大水漫溺的灾害,这是应用勾股定理的结果.

赵爽的上述注释,知道的人比较多.赵爽学识渊博,熟读经书,从文字推测,他可能读过《路史》,他的注释是对《路史》的认同与旁证.

地质先驱章鸿钊先生对《路史后记十二注》的这几句话特别赞赏.章先生说:这几句话说得最切合实际,水向低处流,原来水性是就下的,山川是有高有下的,而治水是要顺水性的.因此先要知道山川之形与高下之势,便不得不从测量做起,勾股术(勾股定理)正是为测量而发现的. 但是要用勾股术去测量, 还须配合一个相似形原理, 才能广泛地去应用. 所以禹不仅发现了初步勾股术, 同时也发现了相似形原理才能配合实际需要, 直接用于测量, 最终结束了那一次 70 年以上的大浩灾[①]. 这是中国历史上最早的一个应用学术克服自然的先例, 同时也是中国数学史上最光辉的第一页[3]. 大禹是世界上有历史记载以来与勾股定理有关的人类文明史的第一个人, 也是运用勾股定理于社会实践促使社会发展的第一个人.

据史书记载: 大禹领命之后, 首先总结了共工与其父治水失败的教训, 弃堵挡而改以疏导为主. 接着就带领契、弃等人和徒众一起跋山涉水, 考察水流的源头、上游和下游, 勘测地形地貌并在重要地方作好记号.

考察是很艰苦、很危险的, 一次走到山东的一条河边, 突然狂风大作, 乌云翻滚, 电闪雷鸣, 大雨倾盆. 山洪一下子卷走了不少人. 有些人在咆哮的洪水中淹没了, 有些人在翻滚的惊涛骇浪中失踪了. 跟随大禹的徒众受了惊骇, 后来人们把这条河叫徒骇河. 4000 多年过去了, 徒骇河时至今日还叫徒骇河, 它横穿山东西北部, 经莘县、聊城和禹城流入渤海. 这也是大禹"左准绳, 右规矩"测量地形地貌的有力旁证.

---

① 晋代出土的周代竹简文献——古本《竹书纪年》记载: 尧 19 年命共工治水, 61 年派鲧治水, 75 年派禹治水, 再加上禹治水 13 年, 已得 70 年, 而共工以前尚未计入.

《路史》记载:"禹经过五岳名山,嘱工匠刻石记下山之高低,上面所书为科斗文,……不但刻遍五岳,各名山亦一样刻记."要不是先经过广泛的测量,那些五岳名山高低数据从何而来?这也是禹发明勾股测量术的一个旁证.

考察完毕,大禹等人对水情和地形作了认真研究,坚定了用疏导的办法来治理水患的决心.大禹亲自率领徒众和百姓,带着简陋的石器(石斧、石刀、石铲)、木器和骨器工具,根据测量标定的地形高度,利用水向低处流的自然本性,劈开大山,挖开河渠,疏通九河,让洪水顺畅地流入江河湖泊而东归大海.

大禹治水的事迹十分感人.《尚书·益稷》记载:禹娶涂山氏女,结婚后生子启,"启呱呱而泣",禹顾不得照抚幼子,径自治水而去.《史记·夏本纪》记载,"禹伤先人父鲧功之不成受诛,乃劳身焦思,居外十三年,过家门不敢入".大禹公而忘私,不畏艰险驯服洪水的丰功伟绩成为中华民族精神的象征.

治水成功之后,大禹来到茅山(今浙江绍兴市东南郊),召集诸侯计功行赏,还组织人们利用水土去发展农业生产.让伯益把稻种发给群众,教他们在低洼的地方种植水稻;叫后稷教大家种植不同品种的作物;在湖泊中养殖鱼类、鹅鸭、种植蒲草,使水害变成了水利,到处出现五谷丰登、六畜兴旺的景象.因大禹曾在这里大会诸侯,计功行赏,后人把茅山改为会稽山.大禹死后就葬在这里,人们便在会稽山建了"大禹陵"(如图 2.1)来纪念这位治水英雄,中华民族的伟大先祖. 大禹陵由三部分组成:禹庙(如图 2.2)、禹陵和禹祠. 大殿高24米,殿内有一尊高达 20 米的大禹塑像(如图 2.3). 华夏大地到处都有关于大禹的遗迹和传闻. 这些遍布中国的大禹的遗迹,铭记着大禹的丰功和人们的思念. 大禹是我国古代伟人中最受人们崇敬的一位.

图 2.1 大禹陵

公祭大禹陵已成为国家级非物质文化遗产. 2007 年 4 月 20 日公祭大禹陵典礼在绍兴大禹陵广场隆重举行. 本次祭禹由国家文化部与浙江省人民政府共同举办,这是新中国成立以后的首次国家级祭祀活动.

图 2.2 禹庙

图 2.3 大禹塑像

大禹治水的成功是科学技术的成功,是人定胜天的成功,是献身精神的成功.

下面援引温家宝总理 2005 年 10 月 23 日在河海大学的一段讲话:"说起水利,是一门古老而又和国民经济和社会发展联系十分密切的科学.大家知道,最早研究水利学的,就是大禹.《史记》上记载,说大禹劈九岳、掘九泽、通九江、定九洲.在此之前,在《诗经》、《尚书》上也都有记载.大禹是一个了不起的人物,大家都知道他劳身焦思,在外十三年,过家门而不入,这反映了一种献身精神,这是水利精神第一重要的,必须懂得并持之以恒的精神.其实,从河海大学出去的许多学生,翻山越岭,风餐露宿,工作在祖国各地,都是具备着献身精神,我们应该发扬这种精神!"

由上可见,大禹是水利学之鼻祖.第十节指出陈子是测量学之鼻祖,这两位鼻祖的地位都是由于研究和运用勾股定理而得.

三、小学生能听明白的证明

伸出你的右手,将手臂伸直,将手掌向上勾过来,使手掌与手臂(或称手股)勾成直角.从手掌中指的指尖到肩骨突出点作一连线,这样便构成一个直角三角形.我国古代称不等腰直角三角形中较短的直角边为勾,较长的直角边为股,直角所对的连线为弦(如图 3.1).

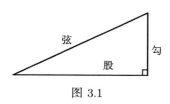

图 3.1

勾股定理 勾长的平方加上股长的平方等于弦长的平方,这就是勾股弦定理,简称勾股定理.

习惯上,勾长、股长和弦长依次记为 a, b, c,则勾股定理可书写为 $a^2 + b^2 = c^2$.

1972 年,中国科学技术大学被第三机械工业部接管,该部送来一批大多只有初中文化程度的大学生.这是十年浩劫的产物.

教师们非常认真地给他们编写了《初等数学讲

义》,该讲义里有勾股定理的两个证明.

证法一 如图 3.2 所示,四个直角三角形的面积为 $2ab$, 中间这个小正方形的面积为 $(b-a)^2$, 全部加起来是一个边长为 c 的正方形, 其面积为 c^2, 所以我们有关系式

$$c^2 = 2ab + (b-a)^2.$$

再根据$(b-a)^2$的展开式

$$(b-a)^2 = b^2 - 2ab + a^2,$$

代入上式,得

$$c^2 = a^2 + b^2.$$

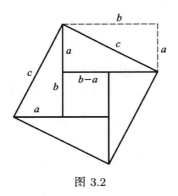

图 3.2

证法二 以长度 $a+b$ 为边, 作两个正方形 $\square EFGH$ 和 $\square KLMN$, 如图 3.3. 在$\square EFGH$ 中, 从 E 点开始, 逆时针方向, 在 EF 上取 A 点, FG 上取 B 点, GH 上取 C 点, HE 上取 D 点, 使

EA、FB、GC 和 HD 的长度均为 a. 连接 AB、BC、CD 和 DA, 得正方形 $\square ABCD$. $\square ABCD$ 的边长为 c, 所以其面积为 c^2, 四个全等三角形 $\triangle EAD$、$\triangle FBA$、$\triangle GCB$ 和 $\triangle HDC$ 的面积和为 $2ab$. 因此, 正方形 $\square EFGH$ 的面积为 $c^2 + 2ab$. 再观察边长为 $a+b$ 的 $\square KLMN$, 其面积为

$$(a+b)^2 = a^2 + 2ab + b^2.$$

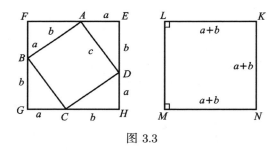

图 3.3

由于两个正方形 $\square EFGH$ 与 $\square KLMN$ 的边长都是 $a+b$, 所以它们的面积相等, 即

$$c^2 + 2ab = a^2 + b^2 + 2ab,$$

等式两边消去 $2ab$, 得

$$c^2 = a^2 + b^2.$$

陈龙玄教授在执笔这一章讲义时, 根据讨论的意见, 还附上某省中学教材的示意图（如图 3.4）. 部分教师认为这张图将一个矩形重叠起来, 教学效果会更好, 各有各的爱好吧!

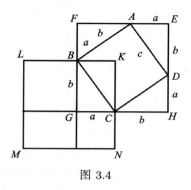

图 3.4

我给无线电系一个班学生授课时，约 40 人中总有七、八人听不懂的，经个别辅导后，还有不懂的．一天晚上，两学生特意来单身宿舍问勾股定理的证明．经过对话，弄明白关键是两个公式

$$(a+b)^2 = a^2 + 2ab + b^2,$$
$$(b-a)^2 = b^2 - 2ab + a^2$$

不懂．

考虑教学效果，中国科学技术大学的《初等数学》补课工作是分"几何"与"代数"两条教学线进行的．我教授"几何"，但代数问题不能不管．我非常认真地画了图 3.5，并耐心地进行讲解：

PQ、PS、RQ 和 RS 的长度均为 b，正方形 $PQRS$ 的面积为 b^2，PV、WT、QU、PW、TV 以及 XS 的长度均为 a，由此可见

$$RU = RX = b - a.$$

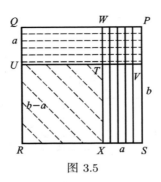

图 3.5

正方形 $RXTU$ 的面积为$(b-a)^2$；小正方形 $PWTV$ 的面积为a^2；横点虚线矩形 $PQUV$ 的面积为ab；竖实线矩形 $PWXS$ 的面积亦为ab，依靠图 3.5，得出

□$RXTU$ = □$PQRS$ − □$PQUV$ − □$PWXS$
  + □$PWTV$,

即

$$(b-a)^2 = b^2 - ab - ab + a^2$$
$$= b^2 - 2ab + a^2.$$

我还特别指出，减去两个矩形时，正方形 $PWTV$ 被减去两次，所以要补回一个正方形 $PWTV$.

关于

$$(a+b)^2 = a^2 + 2ab + b^2,$$

根据图 3.4 中，边长为 $a+b$ 的正方形 $KLMN$ 被分割为两个正方形（□LG 和 □GN）[①]和两个面积相等的矩形（□ MG 和 □ GK），其面积分别为 b^2, a^2, ab, ab 可知.

---

① 有时正方形或矩形用其对角的两个字母来标记.

他俩把图与纸都拿走了,说回去再想想.

某星期天上午,这两位学生又来了,说还是不懂.这批学生的学习精神与求知欲望是令人感动的.他们有很多优点:1. 很用功、很刻苦. 2. 不说假话,不懂就是不懂,一定要弄懂.

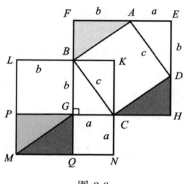

图 3.6

笔者盯着讲义中的图 3.4,沉思好长时间,突然灵机一动:将图 3.4 中的点 M 与点 G 加上一连线,图 3.4 成为图 3.6. 这时,正方形 $KLMN$ 中有四个直角三角形,这四个直角三角形不用转动,只用平行移动法就可以和正方形 $EFGH$ 中的四个直角三角形完全重合,所以它们的面积之和相等. 我们知道,边长都是 $a+b$ 的两个正方形 $EFGH$、$KLMN$ 的面积是相等的. 双方都减去(裁割掉)四个面积之和相等的直角三角形,留下来的图形面积当然相等. 正方形 $KLMN$ 留下来的是两个较小的正方形 $CGQN$ 和 $BLPG$,其面积分别为 a^2 和 b^2,正方形 $EFGH$ 留下来的是正方形 $ABCD$,其面积为 c^2,故得

$$a^2 + b^2 = c^2.$$

我们避开了$(a \pm b)^2$的代数展示式，用几何学的平移法证明了勾股定理．

两位学生说，这次听懂了．他们接受了勾股定理$a^2 + b^2 = c^2$的结论，高高兴兴地走了，真是一线解万难．

我作过试验，只要学过并掌握正方形、长方形和三角形面积的小学生，通过图 3.6 都能听懂这个证明．

现在回到证法二，严格说来，图3.3中的四个直角三角形：$\triangle AFB$、$\triangle BGC$、$\triangle CHD$ 和 $\triangle DEA$ 皆全等是要证明的．这根据三角形全等规则：边、角、边定理即可证明．这样才能得出，四边形 $ABCD$ 四条边相等，即

$$AB = BC = CD = DA.$$

进一步再根据数学大师苏步青校长在中学念书时，用24种方法证明的"任意三角形内角之和等于180°"推出直角三角形的两锐角之和等于 90°，由此得出：

$$\angle FBA + \angle BAF = 90°,$$

由于	$\triangle AFB \cong \triangle BGC,$
所以	$\angle BAF = \angle CBG,$
故	$\angle FBA + \angle CBG = 90°,$

因为 FBG 是正方形 $EFGH$ 的一边,是一直线,故

$$\angle FBA + \angle CBG + \angle ABC = 180°(\text{平角}),$$

与上式相减,得知

$$\angle ABC = 90°,$$

同理　　$\angle BCD = \angle CDA = \angle DAB = 90°$,
最后得到四边形 $ABCD$ 的四条边相等,四个顶角都是直角,故四边形 $ABCD$ 是正方形.

上面是对"证法二"中"连接 AB、BC、CD 和 DA,得正方形 $ABCD$"一语的补证.

1979 年重印的《初等数学复习及研究》(梁绍鸿)[4]一书第 78 页上,有古代数学家安清翘证明勾股定理的示意图(如图 3.7). 该图与图 3.6 基本一致,不过有两个三角形经过平移加旋转还不行,还需要加上反射变换.

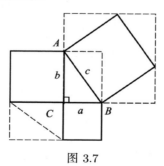

图 3.7

1990 年 2 月,当时任北京大学校长,现全国人大常委会副委员长丁石孙主编的《等周问题与夫妇入

座问题》一书出版发行. 该书第 23 页上有勾股定理的无字证明, 作者 R.Isaacs, 发表在 Math.Magazine, 48 (1975), 第 198 页 (如图 3.8). 该图与图 3.6 几乎一样, 只要把图 3.6 的两个大正方形分开画就是图 3.8. 这个证明太简单了, 肯定会有一大批人早就发现它或想到它. 大家不把它当作一回事儿. 可美国人把它在杂志上发表出来, 值得我们学习.

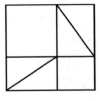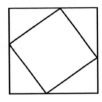

图 3.8

四、中国古代八学者
的证明

勾股定理的发现是人类文明的一个重要标志. 她的诞生至今已有五千年的历史, 由于她的魅力和中华民族的智慧, 五千年来人们对她关注的热情不减. 我国历代数学家发现的证法, 据说不下200种[4]. 《中算家的几何学研究》(许莼舫, 开明书店, 1952)所载我国清代数学家的证法约 20 种. 《周髀》的弦图和赵爽的证明可能较晚, 但其直观、简洁、优美以及形数结合的特点是欧几里得纯粹形的证明所无法比拟的[2].

我国数学家之所以对"勾股定理"有如此浓厚的兴趣和极高的热情是因为勾股定理在我国古代数学中占有特别重要的位置. 她是中国几何学的根源, 中华数学的精髓: 如开方术、割圆术、方程术、天元术等技艺的诞生与发展, 寻根探源都与勾股定理有密切关系. 正如我国首届国家最高科技奖获得者吴文俊院士所书: "欧几里得《几何原本》中勾股定理的证明, 要做不少准备工作, 因而在《几何原本》中直到卷一之末出现这一定理, 而在整个《几何原本》中几乎没有用到. 但在我国, 勾股定理在《九章》中已经有多种多样的应用, 成为两千来年数学发展的一个重要出发点.""在东西方的古代几何体系中,勾股定理所占的地位是颇不相同的."[6][7]

下面给出中国古代八学者赵爽、刘徽、梅文鼎、李潢、李锐、项名达、李善兰以及华蘅芳关于勾股定理的证明和他们的生平简介.

赵爽的证明

三国时期赵爽的证明及其生平已在第一节中加以论述.

2006年冬,我在学习李文林教授的专著《数学史概论》(第二版)[8],这是作者为北京大学、清华大学研究生写的数学史教程."这无疑将是一部传世之作.它对数学历史的认识与研究,将起不可估量的影响"(吴文俊评价).该书第70页,有"中国数学史上最先完成勾股定理证明的数学家,是公元3世纪三国时期的赵爽."如图4.1,"考虑以一直角三角形的勾和股为边的两个正方形的合并图形,其面积应有$a^2 + b^2$. 如果将这合并图形所含的两个三角形移补到图中所示的位置,将得到一个以原三角形之弦为边的正方形,其面积应为c^2,因此

$$a^2 + b^2 = c^2"^{[8]}.$$

1973年,我到安徽省教育局编写中学数学教材,组长卢树铭给我的任务是编写有关勾股弦的三章.我翻阅过各省市的教材及一些史书对勾股定理的证明,记录中都没有上述这一简洁而优美的证法.

陕西等省采用的赵爽的证明都是第一节中论述的证法. 西北大学曲安京博士则是将上述图 4.1 的证明归之于刘徽名下[9]. 正当疑惑之际,见到台湾陈良佐教授的论文[10],恍然大悟. 陈文明确指出:"赵爽证明勾股定理有两种,一个放在《周髀》'半其一矩'的注文中;另一个在《勾股圆方图注》中,而后者是前者的引申.""赵爽的注,除了星号的文字以外,其余的各段注文都是注释《周髀》本文. 而且在注文中提出了他本人对勾股定理的证明." 陈良佐教授的论文将这部分注文加上标点符号并细分为六小段. 然后用现代的语言重述出来. 根据以上的叙述,勾股定理的证明可以用图 4.2 表示. "刘徽对勾股定理的证明与赵爽的证明相同"[10].

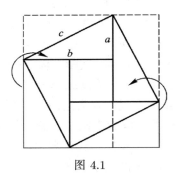

图 4.1

陈文将赵爽注中的证明过程表示出来,使人一目了然. 在图 4.2 中,将最后一图左右翻转过来,它与图 4.1 完全一致.

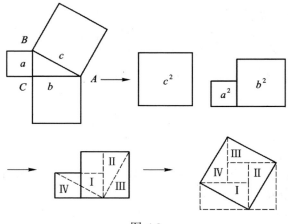

图 4.2

陈文在另一处,再次强调:"实际上,刘徽的证明与《周髀》'半其一矩'下面赵爽的注相同. 就是最基本的用语,他们二人也是一致的. 刘徽云'令出入相补',就是赵爽所谓的'更相取与,互有所得'".

《中国大百科全书·数学》第 848 页指出:"魏、晋时期出现的玄学,不为汉儒经学束缚,各抒己见,思想比较活跃"."吴国赵爽注《周髀算经》,……"."赵爽与刘徽的工作为中国古代数学体系奠定了理论基础"."赵爽是中国古代对数学定理和公式进行证明与推导的最早的数学家之一".

刘徽的证明

2002 年,中国邮电部发行刘徽纪念邮票,作为我国古代最伟大的数学家刘徽已被我国公认为古今最杰出的文化名人之一.

刘徽生卒年月及籍贯不详,据有关历史资料,估计刘徽生于东汉末年或三国魏初,山东省临淄、淄川一带人. 三国魏景元四年(公元 263 年),刘徽开始为《九章算术》系统、全面地作注,一直撰写到晋朝(265—420)初年,并撰《重差》作为《九章算术》注第十卷. 他是我国传统数学理论体系的奠基人.

《九章算术》终结于"勾股章","勾股章"正式提出勾股定理,古书叫"勾股术". 勾股术的术文是:

术曰:勾股各自乘,并而开方除之,即弦.

魏刘徽在注释勾股章时曾用"以盈补虚,出入相补"的办法作过证明,可惜附图散失,后经清朝李潢复原[11],作成图 4.3,使刘徽的注文与图形得以结合.

刘徽的注文是:

勾自乘为朱方,股自乘为青方,令出入相补,各从其类,因就其余不移动也,合成弦方之幂,开方除之,即弦也.

这段话的含义是:以"勾"与"股"为边作正方形,并分别涂上红黑二色,那么,勾与股的平方分别可解释为上述两个正方形的面积. 将这两块面积之和与以弦为边的正方形面积相比较,令共同的部分不动,然后"以盈补虚","出入相补",即知它们彼此相等,因而勾股术正确.

现将图 4.3 各顶点、交点标上字母，记为图 4.4 并证明如下：

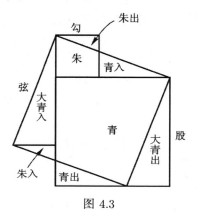

图 4.3

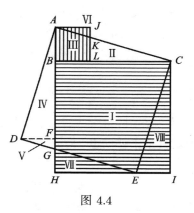

图 4.4

弦方=正方形 $ADEC$ 面积= Ⅰ $(BGEC)$
　　　+Ⅱ(CKL)+ Ⅲ$(ABLK)$+Ⅳ(ADF)
　　　+Ⅴ(DGF),

勾方=正方形 $ABLJ$ 面积（竖线阴影部分）

　　　$=\text{III}+\text{VI}(AKJ)$,

股方=正方形 $BHIC$ 面积（横线阴影部分）

　　　$=\text{I}+\text{VII}(GHE)+\text{VIII}(EIC)$.

注意到

$\text{VI}=\text{V}$,　$\text{VII}=\text{II}$,　$\text{VIII}=\text{IV}$,

知弦方等于勾方与股方之和,勾股术得证.

根据刘徽的注文,复原为图 4.1 也是可以的.刘徽的注文实在是太简单了.不过刘徽提倡"推理以辞,解体用图",他是有图的啊!老祖宗的图是不能丢的.

图 4.5 和图 4.6 可以说与图 4.1 基本上完全一样,图 4.6 与图 4.1 简直一模一样.图 4.6 出现在清代陈杰《算法大成》上编卷二中.

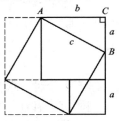

图 4.5　何梦瑶图

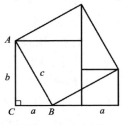

图 4.6　陈杰图

梅文鼎的证明

梅文鼎生于明末 1633 年,安徽宣城人. 明代知识分子崇尚"道学",不重视科学研究,有卓越成就的古代数学名著也大都失传. 明末清初传入的西方数学,由于中西之争日趋剧烈,也很少有人进行实事求是的研究. 梅文鼎生于这个时代,他认为科学研究应不分中国与外国,东方与西方,"技取其长而理唯其是",废寝忘食、锲而不舍研究天文学与数学,数十年如一日,从而获得卓越成就,树立了学术研究的模范,被誉为"国朝算学第一". 当时有"裹粮走千里,往见梅文鼎"的说法. 康熙皇帝于 1705 年曾三次召见梅文鼎,向他请教天文与数学. 梅文鼎其弟、子、孙及曾孙皆研究数学,可谓数学世家.

梅著有天文著作五十余种,数学著作《勾股举隅》《勾股测量》《周髀算经补注》等二十余种.

图 4.7 是梅文鼎证明勾股定理的"解体用图". 该图的构思是很巧妙的,将面积为 c^2 的正方形 ABB_1A_1 即弦方,布置得很显目且很端正,与众不同的是 b^2 即股方向内,压叠着较多的 c^2 的面积. 将四边形 $ADEB$ 沿着 AA_1 与 BB_1 线向下平行移动到四边形 $A_1D_1E_1B_1$,再将 $\triangle B_1BE_1$ 平移至 c^2 内的 $\triangle A_1AE_2$,这样一来,勾方 a^2 和股方 b^2 不多不少补足弦方 c^2,勾股定理得证.

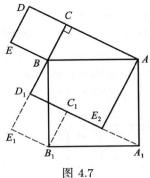

图 4.7

请读者细心比较一下图 4.7 与图 4.6,看能发现什么?若将梅图勾方 $BCDE$ 去掉,再逆时针转动一角度,则与陈杰用图完全一致. 谁参考了谁?

梅公文鼎卒于 1721 年,一百年后,1821 年陈杰还活着. 陈杰和李潢是同时期人,都从事考注工作,但陈杰的校注"不能如李潢的精审(钱宝琮语)". 陈杰图 4.6 受梅图 4.7 启发是可能的.

李潢的证明

李潢(1746—1812),字云门,湖北钟祥人,博综群书,特精算学. 乾隆三十六年(公元1771)进士,官至工部左侍郎,在四库全书馆中,他以翰林院编修的资格任总目协纂官. 钱宝琮主编的《中国数学史》指出:"《九章算术》《海岛算经》《缉古算经》是算经十书中三部有辉煌成就的书,也是比较难读的书,李潢首先担当它们的校注.""李潢为《九章算术》和《海岛算经》的各个问题,依照原术补图演草,基本上是正确的.刘徽注中有不容易了解的文字也能分析条理解释清楚."

校注工作是非常辛苦、非常艰巨的,钱宝琮评价李潢的校注工作大体上是成功的.前已指出,刘徽证明勾股定理的插图丢失就是李潢复原的.

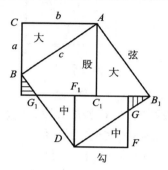

图 4.8 李潢图

图 4.8 是李潢证明勾股定理的用图. 图中有大、中、小三种类型的三角形各两个.遵从刘徽的原理:"令出入相补,各从其类","其余不移动也".该图不移动的面积最大.令 $\triangle ACB$ 以点 A 为轴逆时针旋转90°至 $\triangle AC_1B_1$(即令第一类大三角形出股方补入弦方),再令$\triangle DFG$以点D为轴逆时针转动90°至$\triangle DF_1G_1$(即令第二类的中三角形出勾方补入弦方),最后令股方的小三角形出来入弦方相补,证毕.

李锐的证明

李锐(1773—1817),又名李茂才,字尚之,号四香,江苏苏州人,清代著名数学家."幼开敏,有过人之资."后受业钱大昕门下,潜心研习数学,'是时大昕为当代通儒第一,生平未尝轻许人,独于锐则以为胜己'".李锐后入浙江巡抚阮元门下,参与古代数学典籍的整理;又结交汪莱、焦循、李潢等数学家,共同研讨数学,对乾(隆)嘉(庆)学派复兴数学起了重要作用.李锐对方程论贡献突出,撰著《方程新术草》《勾股算术细草》等书.

浙江巡抚阮元主编的我国第一部大型的天文、数学家评传《畴人传》(公元1795年至1799年完成)的编写工作,实由李锐主持.那时候,杭州市和苏州市一带出过好几批数学家.清浙江巡抚阮元和江苏巡抚徐有壬两位清官本人都是数学家,而且对数学事业还颇有贡献.他们处理政事外就是专心研究数学,身体力行.

图4.9是李锐证明勾股定理的用图.根据刘徽的"令出入相补,各从其类",该图比之李潢的用图有一优点,其大中小三类三角形只需要通过平移立即进入弦方相补的位置,图形清晰,一目了然.请读者认真观审陈杰、李潢和李锐的"解体用图",对比它们的异同将会有所发现.

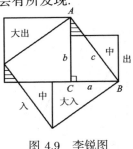

图4.9 李锐图

项名达的证明

项名达(1789—1850),浙江杭州市人,清代著名数学家. 1816 中为举人,考授国子监学正,应考进士期间,在京数年,与友人研讨数学. 1826 年中为进士,封任知县,但他不去做官,返回家乡,研究数学. 1837 年后,在杭州大书院执教,并继续研究数学. 1846年冬,退职回家,集中精力著书立说,著作有《勾股六术》(1825),《三角和较术》(1843),《开诸乘方捷术》(1845),《象数一原》6 卷 (1849).

项名达的主要贡献是三角函数的幂级数展开式、圆周率π及π的倒数的无穷级数表达式等. 他求出椭圆周长公式,这是我国在二次曲线研究方面最早的重要成果.

图4.10是项名达证明勾股定理的"解体用图". 项名达的用图最好、最妙、最简单,只要将股出△向下平移入弦方相补;勾股出△从右向左平移入弦方相补;其余不移动也,则勾方加股方恰好不大不小合成弦方之幂.

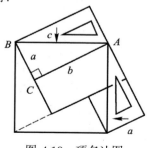

图 4.10 项名达图

该图的妙处有三：1. 只需移动两块；2. 平移是最简单的图形位置移动；3. 只需垂直平移和水平平移，一目了然.

该图其实质就是图 4.1 或陈杰图. 但作为出发点的基础勾股弦三角形是不一样的.

李善兰的证明

李善兰（1811—1882），近代科学先驱、数学巨匠，浙江海宁市硖石镇人，字竟芳，号秋纫，别号壬叔. 中年之前，一直在家乡从事数学和天文历法的研究工作，时有心得就著书立说. 1852 年到上海，从事翻译数学、力学、天文和其他科学书籍. 八年间译成八种共 80 多卷，其中和伟烈亚力合译了欧几里得《几何原本》后九卷，终于完成了徐（光启）、利（玛窦）二公未完之业. 1868 年到北京，担任同文馆算学总教习. 李善兰晚年虽身居高位，升至三品卿衔户部正郎，但他仍洁身自好，潜心科学，以在野之士自居，不与贪官污吏同流合污. 他是我国教育史上第一位教授. 在数学史上，他创造了著名的国际上第一个以我国学者命名的数学公式——"李善兰恒等式"，他在级数、对数、微积分和数论等高等数学领域都有独到的研究和创造. 中国科学史称他为中国清代数学家、天文学家、翻译家和教育家.

图 4.11 是李善兰证明勾股定理的用图. 该图是在赵爽弦图 1.3（4 个朱实、1 个中黄实）的基础上，巧妙地添上勾方（边长为勾的正方形）和股方（边长

为股的正方形),再根据刘徽"出入相补,各从其类"的原则,需要出入相补的是大、中、小三类三角形(容易证明,每类的两个三角形是全等三角形),按图示将勾方、股方的三类三角形移出进入弦方(以弦长为边的正方形)相补,各就各位之后,弦方天衣无缝.

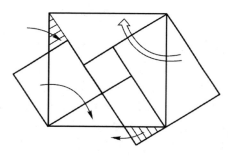

图 4.11 李善兰图

华蘅芳的证明

华蘅芳(1833—1902),江苏无锡市人,清末数学家、翻译家和教育家.青年时游学上海,与著名数学家李善兰交往.同李善兰一样,华蘅芳也是靠自学研究古代数学,19 岁便名震无锡.他曾三次被奏保举,一生与洋务运动关系密切,成为当时有代表性的科学家之一.为介绍西方科学,分门别类进行系统译述,对近代科学知识特别是数学知识在中国的传播,起到了重要作用.

1876 年在上海格致书院任教,晚年转向教育界,从事著述和教学. 他注重数学教育, 曾说"吾果如春蚕, 死而足愿矣".

华蘅芳官至四品, 但不从政. 不慕荣利, 穷约终身, 坚持了科学、教育的道路, 与李善兰齐名, 同为中国近代科学事业的先行者.

图 4.12 是华蘅芳证明勾股定理的用图. 该图的特点是勾方、股方和弦方都没有重叠, 故没有"其余不移动"者, 且都在基础勾股弦三角形的外侧, 图形很正规. 如图所示: 正方形 ABB_1A_1(简记为$\Box AB_1$)与正方形A_2B都是以弦c为边长的正方形(弦方). 将弦方解体为五类, 其中二类由勾方补入; 三类由股方补入. 证明的关键是: "各从其类"的时候, 同类中的两个三角形全等, 要给出说明或证明. 牢记赵爽的弦图, 极利于证明, 根据弦图:

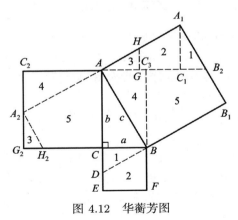

图 4.12 华蘅芳图

$$\triangle AC_2A_2 \cong \triangle BC_3A \cong \triangle ACB \cong \triangle AC_1A_1,$$

由此得知：

$$A_1C_1 = A_2C_2 = 勾长 a = BF = BC = EF.$$

事先应该说明，图示条件：

$$GC_1 = a, A_1C_1 \perp AC_1, HG \perp AC_1, AA_1 // DB.$$

由此推出：

$$\angle HA_1C_1 = \angle DBF, \angle C_1A_1B_2 = \angle CBD$$

且 $\angle C_1A_1B_2 = \angle HAG = \angle H_2A_2G_2,$

$$AG = b - a = A_2G_2,$$

故得

$$\triangle C_1A_1B_2 \cong \triangle CBD; \quad \triangle AGH \cong \triangle A_2G_2H_2,$$

梯形 $A_1HGC_1 \cong$ 梯形 $BDEF.$

这样一来，第 1, 2, 3 类中，每一类的两个图形都全等，第 4 类的两个三角形全等早已说明. 注意到第 5 类图形中：

$$AA_2 \underline{//} BB_1; AC \underline{//} BC_3,$$

故 $\angle A_2AC = \angle B_1BC_3,$

加上四边形 AA_2H_2C 与 $BB_1B_2C_3$，各有两个直角，故第四个角亦相等（任何四边形四内角和为 $360°$），再根据两邻边相等，推得四边形全等. 到此定理证毕.

如果将图 4.12 弦方 □AB_1 更换为向下的 □A_2B，证明将容易得多，如图 4.13 所示，将是另一证明.

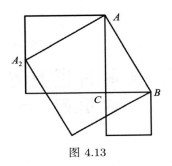

图 4.13

关于勾股定理的证明方法很多.上面介绍的八位学者都是著名的数学家,此外还有许多人也给出了证明.况且我们上面介绍的仅仅限于"出入相补"方法,此外还有更多其他的方法,还有外国学者给出的证明方法.证明方法之多是任何一个定理都无法与其相比的.

五、文明古国对定理的贡献

这里的文明古国，指的是世界四大文明古国——中国、印度、埃及和古巴比伦.

勾股定理的发现、验证及应用的过程蕴含着丰富的文化价值，古代很多国家和民族通过劳动实践都或多或少地知道勾股定理，对定理有不同程度的认识和了解. 四大文明古国则有更丰富的数学文化，距今都有4000多年的历史.

我们的祖先发现勾股定理，是经历了漫长的岁月，走过了一个由特殊到一般的过程. 我国的几何起源很早. 据考古发现，十万年前的"河套人"就已在骨器上刻有菱形的花纹；六七千年前的陶器上已有折线、平行线、三角形、长方形、菱形和圆等几何图形. 随着生产、生活的需要，大量几何问题摆在祖先的面前. 四千多年前，大禹率众治水、开山修渠、导水东流，他们"左准绳，右规矩"，运用勾股术进行山势测量，表明大禹已经知道用长为 $3:4:5$ 的边构成直角三角形，表明已经知道"勾三股四弦五"这一勾股定理的特例. 据《山海经》记载，大禹还把它用到大地测量上. Loeb 和 Adams 的《物理思想发展史》（1933）上也有："中国周髀一书已述及勾三股四弦五的数理关系,其时代为公元前2000年,仅后于埃及 200 年."

从制作工具、测量土地山河,到研究天文;从大禹治水,到陈子测日,我们的祖先逐渐积累经验,从而发现了勾股定理. 为纪念祖先的伟大成就,我国已将这个定理命名为勾股定理.

作为中国古代数学发展的一个出发点,勾股定理在中国占有特别重要的位置,关于这一点吴文俊院士用下面的附表来表示[6][7]:

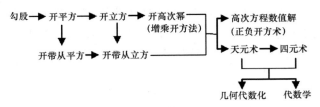

中国伟大数学家刘徽创立的"出入相补原理",让古今中外的数学爱好者,对勾股定理给出数以百计的证明. 尤其是其中体现出来的"以形证数,形数结合"的思想方法,在数学史上具有独特的贡献和地位. 正如吴文俊院士所说:"在中国的传统数学中,数量关系与空间形式往往是形影不离地并肩发展着的. ……17 世纪笛卡儿解析几何的发明,正是中国这种传统思想与方法在几百年停顿后的重现与继续".

印度是世界上四大文明古国之一,但在公元 5 世纪之前并没有留下专门的数学著作,只有《绳法经》包含一些数学知识.《绳法经》(文献[2]译为

《测绳的法规》)是婆罗门教经典《吠陀》的一部分,是关于祭坛与寺庙建造中的几何问题及求解法则的记载,可见古印度几何学的起源与宗教密切相关[8]. 成书于公元前8世纪至公元前2世纪的《绳法经》中也记载了勾股定理,他们发现的勾股数组为[12]

(3,4,5),　　(12,16,20),　(15,20,25),　(5,12,13),

(7,24,25),　(8,15,17),　(12,35,37),　(15,36,39).

所谓勾股数组指的是满足勾股方程 $x^2 + y^2 = z^2$ 的 3 个正整数.

《绳法经》也有将两个正方形合成一个正方形的问题:设有 □AB 与 □CD,边长各为 b, a,求作一个正方形使其面积等于两者之和(如图 5.1).

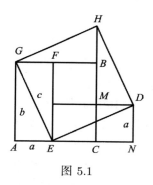

图 5.1

作法是取 $AE = a$,完成长方形 $AEFG$,则对角线 $GE = c$ 就是所求正方形的边长. 证法是连 ED,易证 $ED = GE$;$\angle GED$ 是直角. 延长 CM,使 $MH = b$,连 DH, GH,则正方形 $GEDH$ 即为所求. 将 △GAE 平移至 △HMD 的位置;将 △END 平

移至 $\triangle GBH$ 的位置,即可证明 □GD 正好由 □AB 与 □CD 拼成. 图 5.1 与图 4.1 完全一致.

《绳法经》还有一项贡献[2]:给出正方形对角线相当精确的值, 即

$$\sqrt{2} = 1 + \frac{1}{3} + \frac{1}{3 \cdot 4} - \frac{1}{3 \cdot 4 \cdot 34} = 1.41421568\cdots.$$

古埃及的几何学是尼罗河的赠礼.

肥沃的尼罗河谷,素称"世界最大沙漠中的最大绿洲",那里的人民独立地创造了灿烂的文明,其文明以古老的象形文字和巨大的金字塔为象征. 从公元前 3100 年左右到公元前 332 年亚历山大大帝消灭最后一个埃及王朝(第31王朝)止,前后绵延约三千年.

古埃及的尼罗河每年泛滥一次,洪水给两岸的土地带来了肥沃的淤泥,却也抹掉了田地间的界限标志. 水退了,人们要重新划定田地的界限,就必须丈量和计算田地的面积. 年复一年,就积累了大量的几何知识. 英语中的"几何"为"geometry",其前缀"geo-"就是"土地""地球";其后缀"-metry"就是"测量". 埃及是几何学的发源地,埃及的"拉绳者"就是测量员,他们利用有结的绳子进行测量,两结之间的距离都是一样的,比如说都是1米. 他们利用一条12米的绳子拉出一个直角三角形来(如图 5.2). 这条绳子算上首尾的结一共有13个结,这样,把第一个结同第 13 个结合并在一起,用桩子固定下来,然后再把第 4 个结同第 9 个结也分别用桩子固定,绷紧绳子,这三个桩子构成边长分别为 3 米、4 米

和 5 米的三角形,而两短边构成直角. 埃及人只考虑实用的目的,对进一步研究不感兴趣.

图 5.2

古埃及人在一种纸莎草压制成的草片上书写,这些纸草书有的幸存至今. 关于古埃及的数学知识,主要依据两部纸草书——莱茵德纸草书和莫斯科纸草书. 这两部纸草书实际上都是各种类型的数学问题集. 前者是阿姆士在公元前1650年左右用僧侣文抄录的已经流传200多年的更古老的著作,由84个问题组成. 后者是一位佚名作者在公元前1890年左右用僧侣文写成,包括25个问题. 纸草书中可以找到正方形、矩形、等腰梯形面积的正确公式.

埃及人的体积计算达到很高的水平,莫斯科纸草书第14题给出了计算平截头方锥体体积的公式,用现代符号为

$$V = \frac{h}{3}(a^2 + ab + b^2).$$

这里h是高,a、b是上、下底面正方形的边长,图 5.3. 这是一个精确的公式,且具有对称的形式. 四千年前,能够达到这样的成就实在令人惊讶,数学史家贝尔称莫斯科纸草书中的这个截棱锥体为"最伟大的埃及金字塔"(英文中棱锥体和金字塔是同一个字:pyramid).

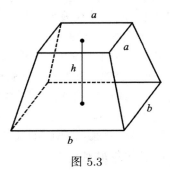

图 5.3

真实的金字塔,在建筑与定向方面的精确性曾引起人们对埃及几何学的高度赞美. 金字塔基底直角的误差只有12″,若没有极精确、可靠的作直角的方法,是达不到这样高精度的.

1938 年发掘出《开罗数学纸草书》,经考证此书写于公元前300年左右,上有勾股数组:

$(3,4,5),(5,12,13),(20,21,29)$

且给出验证. 该纸草书上有下列两题:

(i) 一梯 10 尺长,梯足至墙 6 尺,求梯子可达到的高度.

(ii) 矩形面积 60 平方尺,对角长 13 尺,求长与宽.

由此可见,古埃及人知道勾股定理.

公元前4世纪希腊人征服埃及以后,古埃及的数学文化被蒸蒸日上的希腊数学所取代.

汹涌湍急的幼发拉底河与底格里斯河所灌溉的美索不达米亚平原,也是人类文明的发祥地之一.位于波斯湾与巴勒斯坦之间的这片平原地区(巴比伦,今伊拉克),早在公元前四千年,苏美尔人就在这里建立起城邦国家并创造了文字.自从公元前24世纪中叶阿卡德人第一次入侵建立阿卡德王国(约公元前2371—前2230)以后许多民族在此争雄称霸.公元前2000年到公元前1700年期间,在波斯湾正北方的古闪米特人(古闪米特人指巴比伦人,腓尼基人)征服了他们的北方邻国[5].得胜的统治者以巴比伦城邦的名字为联合王国命名为巴比伦王国.

两河流域的居民用尖芦管在湿泥版上刻写楔形文字,然后将泥版晒干或烘干,这样制作的泥版文书比古埃及纸草书易于保存.迄今已有50万块泥版文书出土,只有300多块是数学文献.令人奇怪的是:数学泥版分属两个相隔遥远的时期.多数是公元前2000~前1700年古巴比伦王国时期;少数是公元前几百年的新巴比伦王国和波斯塞流古时期.对泥版文书研究揭示:古巴比伦人的数学文化明显超过古埃及人的数学文化.

古巴比伦人(美索不达米亚人)长于计算,还表现出发展程序化算法的熟练技巧.耶鲁大学收藏的一块古巴比伦泥版,其上载有$\sqrt{2}$的近似值为

1.414213，是相当精确的逼近. 他们还经常利用各种数表来进行计算，使计算更加简捷，如除法采用被除数乘以"除数的倒数"这一途径，倒数则通过查表而得. 现已发现的300多块数学泥版中，就有200多块是数学用表，包括乘法表、……、立方根表，甚至还有指数（对数）表.

美索不达米亚几何也是与测量等实际问题相联系的数值计算. 对于上下底面积分别为a^2和b^2，高为h的平截头方锥，有的泥版文书上记载了相当于下式的计算法则：

$$V = h\left[\left(\frac{a+b}{2}\right)^2 + \frac{1}{3}\left(\frac{a-b}{2}\right)^2\right],$$

这是准确公式，可化为古埃及人的形式.

四千年前的古巴比伦时期的泥版文书也说明勾股定理在当时已广泛地应用着.

古巴比伦最令人吃惊的成就是在很古老的年代给出大量的、数字巨大的勾股数. 编号为"普林顿322"的泥版，经过鉴定，确认年代为公元前1900—前1600年（古巴比伦王国时期），照片见图5.4. 图5.5，是摹真图. 泥版现存美国哥伦比亚大学图书馆. 泥版记载的文字属古巴比伦语，故其年代当在公元前1600年以前，将楔形文字翻译出来，再将数值换为10进制，经数学史专家研究，数组之间还有多种数学规律，详见文献[2]、[8]. 下页数表仅给出15组勾股数组的值：

序号	勾股数组	序号	勾股数组
1	120，119，169	9	600，481，769
2	3456，3367，4825	10	6480，4961，8161
3	4800，4601，6649	11	60，45，75
4	13500，12709，18541	12	2400，1679，2929
5	72，65，97	13	240，161，289
6	360，319，481	14	2700，1771，3229
7	2700，2291，3541	15	90，56，106
8	960，799，1249		

图5.4 "普林顿 322" 泥版

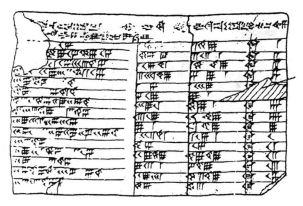

图5.5 "普林顿322"摹真图

总而言之,"普林顿322"是一个强有力的实物证据,其复杂程度远远超过别的文明古国,且在时间上早了一千多年.他们当时已掌握一般的勾股定理及我们将在第10节讲的勾股数公式,这是不容置疑的.

从世界四大文明古国数学发展的历史可见,人类早期的数学实践是十分相似的.人类的祖先在不同的时期、不同的地点发现的勾股定理,显然不仅仅是哪一个民族的私有财产而是全人类的共同财富.

六、《几何原本》上的勾股定理

希腊人是最早懂得自然界可以用数学来理解的人.

几何学不仅可用于描述事物,还可以揭示事物的本质.

毕达哥拉斯(约公元前580—约前500)是古希腊哲学家、数学家、音乐理论家和天文学家. 20岁时,他游历到米利都,见到了希腊几何学的先驱者泰勒斯(约公元前625—前547). 那时,泰勒斯已经年老体弱,不再收徒,泰勒斯推荐毕达哥拉斯去了埃及.

毕达哥拉斯是一个有超凡魅力的天才,在埃及,他不仅学习埃及人的几何学,而且成为学习埃及象形文字的第一个希腊人,最后成为埃及的祭司. 他因此被准许出入所有的神秘仪式,甚至进入他们寺庙中的密室. 他在埃及至少逗留了13年. 离开不是他本人的意愿,而是波斯人入侵逮捕了他,并把他作为俘虏送到巴比伦,在那里他最后获得了自由,并获得了巴比伦数学的全部知识. 50岁时,他回到了家乡萨摩斯,并开始讲学. 萨摩斯人对他的说教不感兴趣,因此毕达哥拉斯前往希腊人开拓的殖民地——克罗托内（意大利半岛南端），在那里广收门徒，建立了一个政治、宗教、数学三合一的秘密团体，其成员都潜心于学术研究，从而形成为毕达哥拉斯学派．这个学派很重视数学，企图用数来解释一切．宣称万物皆数，数是宇宙万物的本源，研究数学的目的并不在于实用而是为了探索自然的奥秘．毕达哥拉斯本人以发现勾股定理（西方称毕达哥拉斯定理）著称于世．毕达哥拉斯学派证明了泰勒斯提出的"三角形的三内角之和等于两直角"的论断，并推证了多边形内角和的定理；证明了平面可用正三角形、正方形、正六边形填满，空间可用立方体填满；研究了黄金分割……

毕达哥拉斯学派为欧几里得《几何原本》的问世，创造了条件．50岁后，毕达哥拉斯生活在这样一个时代，世界太平，百家争鸣．在印度，出生于约公元前560年的释迦牟尼开始传播佛教．在中国，老子和比他年轻的、出生于公元前551年的孔子，在推进人类智能进步上取得了巨大的成果．在希腊，一个黄金时代开始了．

希腊人抽象出点、线、面的概念，逐渐发展出几何学．脱去物体的修饰外衣，他们揭示出人们前所未见的逻辑结构与演绎体系．在这座为论证数学而奋斗的顶峰，站立着的正是欧几里得．"中国几何学以测量与面积体积的量度为中心，古希腊的传统则重视形的性质与各种性质间的相互关系．欧几里得的《几何原本》建立了用定义、公理、定理、证明构成的演绎体系，成为近代数学公理化的楷模，影响及于整个数学的发展"(《中国大百科全书》,吴文俊语).

欧几里得是希腊论证几何学的集大成者. 关于他的生平我们所知甚少,他早年就读于雅典,公元前 300 年左右应托勒密一世之邀到亚历山大,成为亚历山大学派的奠基人.《原本》(我国译为《几何原本》)一书是公元前 300 年左右欧几里得的力作.《原本》中的公理体系,为人们提供了使知识条理化和严密化的强有力手段,这使它成为西方科学的"圣经",同时也是科学史上流传最为广泛的经典名著. 除早期的希腊文、阿拉伯文和拉丁文抄本外,仅从 1482 年第一个拉丁文印刷本在威尼斯问世以来,已用各种文字出了一千多版. 图 6.1 为一本希腊教科书中欧几里得对勾股定理所作的证明及它的5个译本.

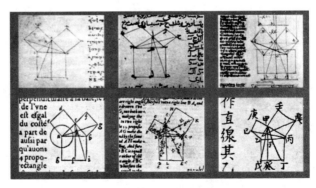

图 6.1　周游世界的定理

《原本》卷一命题47为毕达哥拉斯定理,即勾股定理，其证明是用面积来做的，如图6.2所示.鉴于该证明是欧几里得本人给出的，理该重视，我查了《原本》的两个译本，下面遵照原意详细给出证明（文中[1.14]指卷一命题14，余类同）.

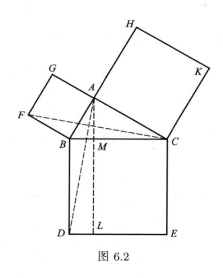

图 6.2

命题47 在直角三角形中，直角所对的边上的正方形等于夹直角两边上的正方形的和，即证 BC 上的正方形等于 BA，AC 上的正方形之和.

过 A 作 AL 平行于 BD 或 CE，连接 AD，FC. 因为角 BAC，BAG 都是直角，在直线 BA 的一个点 A 有两条直线 AC，AG 不在它的同一侧所成的两邻角的和等于两直角，于是 CA 与 AG 在同一条直线上. [1.14]

同理，BA 也与 AH 在同一条直线上.

因为角 DBC 等于角 FBA（每一个角都是直角），给以上两角各加上角 ABC；所以整体角 DBA 等于整体角 FBC. [公理2]

又因为 BD 等于 BC，FB 等于 AB；两边 AB，BD 分别等于两边 FB，BC. 又角 ABD 等于角 FBC；所以三角形 ABD 全等于三角形 FBC，且底 AD 等于 FC. [1.4]

平行四边形 BL 等于三角形 ABD 的两倍①，因为它们有同底 BD，且在平行线 BD，AL 之间. [1.41]

又正方形 GB 是三角形 FBC 的两倍，因为它们有同底 FB 且在相同的平行线 FB，GC 之间.

[1.41]

故平行四边形 BL 也等于正方形 GB.

类似地，连接 AE，BK 也能证明平行四边形 CL 等于正方形 HC.

故整体正方形 $BDEC$ 等于两个正方形 GB，HC 之和. [公理2]

而正方形 $BDEC$ 是在 BC 上作出的，正方形 GB、HC 是在 BA、AC 上作出的. 所以在边 BC 上的正方形等于边 BA、AC 上的正方形的和. 证毕

2300 年前的这个证明，是否比较繁琐？据说古今中外几乎所有的伟大学者都学习过《原本》或《原本》的现代版本. 有兴趣、有时间的读者，可找《几何原本》来念念. 最好找徐光启、利玛窦的译本，梁启超称赞它是"字字精金美玉，是千古不朽之作".

---

① 指面积，其他处亦同.

欧几里得对勾股定理的上述证明有两大优点：

(i) 从直角 $\triangle ABC$ 的直角顶点 A 作斜边 BC 上的高 AM（如图 6.2），延长后交 DE 于点 L，上述证明顺便得到：ML 将正方形 BE 分为两个矩形，其面积 S 有关系

$$S_{\text{矩形}BDLM} = S_{\text{正方形}BG}; S_{\text{矩形}MLEC} = S_{\text{正方形}CH}.$$

(ii) 由 (i) 推出

$$AB^2 = BM \cdot BD = BM \cdot BC,$$
$$AC^2 = CM \cdot CE = CM \cdot CB.$$

这就是著名的欧几里得定理，也称射影定理．

我国应用数学与计算数学研究的先驱、清华大学教授赵访熊，1960 年发现中学几何教材中"勾股定理"用的是欧几里得的证明方法，学生不易接受，建议改用我国古代赵爽的证明方法．经过努力，在 1978 年新编中学教材中采纳了他的意见．中华民族的科技文明应该传授给炎黄子孙，介绍给世界人民．

浙江省东阳市不少村庄的很多居民，祖传从事木工手艺，他们制作大衣柜时，在横向60厘米处钉一小钉，在竖向80厘米处再钉一小钉，度量两钉的距离是否是100厘米，藉此检验衣柜上顶的12个平面角是否是直角，是否方正．其理论根据就是勾股定理的逆定理．

《原本》卷一，共48个命题，最后一个命题是：

命题48 如果在一个三角形中，一边上的正方形等于这个三角形另外两边上正方形的和，则夹在后两边之间的角是直角．

欧几里得书中的证明是作 AD 垂直于 AC 且等于 AB ($AD \perp AC$; $AD = AB$),连 DC,三角形 DAC 是直角三角形(如图 6.3).

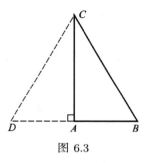

图 6.3

DC 上的正方形等于 DA,AC 上的正方形的和,因为角 DAC 是直角;且 BC 上的正方形等于 BA,AC 上的正方形的和,因为这是假设;故 DC 上的正方形等于 BC 上的正方形,这样一来,边 DC 也等于边 BC.所以角 DAC 等于角 BAC. [1.8]①

但角 DAC 是直角,所以角 BAC 也是直角.

换成现代更通俗的语言[13]:

由题设 $\quad AB^2 + AC^2 = BC^2$,

对直角三角形 ACD 有

$$AD^2 + AC^2 = DC^2,$$

$$\because AB = AD, \quad \therefore BC^2 = DC^2,$$

---

① 《原本》中卷一命题 8 是:如果两个三角形的一个有两边分别等于另一个的两边,并且一个的底等于另一个的底,则夹在等边中间的角也相等.

从而 $BC = DC$.

由于 $\triangle ABC$ 与 $\triangle ADC$ 三边对应相等,从而两个三角形全等,所以角 CAB 必为直角.

勾股定理的逆定理是应用最广泛的定理之一. 至今在建筑工地上,还在用它来放线,进行"归方",即放"成直角"的线.

国外个别数学史家评论我国传统数学:"就数学内容而言,中国的数学与实用性有密不可分的关联,……像希腊欧几里得几何学那样的论证性质,在中国的数学上可谓全然不见"."中国数学源自于计算技术,而始终还是计算技术". 这对三国时期的赵爽、刘徽来说是不合适的. 他们虽未能完成一个严格的演绎体系,但他们确实认识到对一些数学名词特别是重要的数学概念要给予严格的定义,认为对数学知识必须进行"析理"才能使数学著作简明严密. 刘徽对《九章算术》的评注,就是这样做的. 对几何命题必须用演绎逻辑去证明,只是他们用的演绎逻辑与西方形式逻辑不尽相同而已.

刘徽提倡"推理以辞,解体用图",他既强调逻辑演绎,又重视几何直观,追求"数"与"形"的辩证统一.

七、勾股定理其他
　　证明种种

在拙著《等周问题》后记中,笔者写了这样一段话:[23]

"为什么提倡熟练?因为熟练包含了牢固与灵活.复旦大学名誉校长,我学习黎曼几何时的严师苏步青院士告诉我,数学对某一个人来说没有难与不难之分,只有熟与不熟之分,深入这个数学分支,熟悉了也就不难了.要熟就要下苦功."

数学大师苏步青在温州中学念书时,为证明欧几里得的一个定理,给出二十四种解法.后来写成论文,送到省教育展览会上展出."家父做习题时发现一个好方法,就是一题多解."(《温中百年校庆通讯》,第八期,苏尔馥:《感谢母校　感谢恩师》)

"熟能生巧"与"一题多解"这八个字是很有哲理的,是相辅相成的.只有熟才能多解,做到多解就更加熟练了.既提高学习兴趣又达到对知识的深刻理解与牢固掌握.

为提倡严师苏步青院士的"熟能生巧"与"一题多解",通过勾股定理是最好的形式.因为勾股定理是人类最早发现的定理,而且是证明方法第一多的定理.在数百种证明方法中,有的十分精彩,发人深思；有的十分简洁，耐人寻味；有的因为证明者身份的特殊而非常著名. 本书将部分证明分为四类，略加介绍.

第一类　新娘椅子型

上节图 6.2，是《原本》卷一命题47的证明图. 欧几里得的这个证明图周游世界、流芳千古(见上节图6.1). 中世纪在阿拉伯国家称为"新娘图"，也许是因为两个正方形合成一个大的，象征着结合. 西方国家给它的外号是"僧人的头巾""新娘的椅子""飞虫"等，其中以"新娘的椅子"（Bride's Chair）用得最普遍.

证法一　达·芬奇的证明

意大利文艺复兴时期的著名画家、雕刻家、建筑师达·芬奇(1452—1519)对勾股定理曾进行过研究. 他的证明用图是在新娘椅子图的基础上，别出心裁地在弦方下面加上一个直角三角形 DLE，然后将顶点 A、L；F、K；G、H 都连起来（如图 7.1）. 容易证明 AL 通过正方形 $BDEC$ 的中心 O（可先找出对称中心 O，连 OA、OL，证明 AOL 是一直线）；FK 通过顶点 A.

达·芬奇巧妙地发现：

$$\angle BAO = \angle OAC = 45°.$$

因为 $\angle BAC$ 是直角，□$BDEC$ 的中心 O 位于 $\triangle ABC$ 的外接圆上（BC 是外接圆的直径，易知 $\angle BOC$是直角），且 $BO = CO$，故

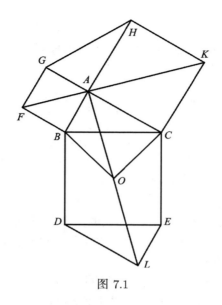

图 7.1

$$\angle BAO = \angle OAC = 45°.$$

同理，$\angle DLO = \angle OLE = 45°$.

由此推出四边形 $ABDL$、$LECA$、$FBCK$ 和 $FGHK$ 都相等. 故两四边形的面积（以字母 S 表示）之和相等：

$$S_{ABDL} + S_{LECA} = S_{FBCK} + S_{FGHK}.$$

等式左右两端都包含两个与 $\triangle ABC$（$\triangle LED$ 或 $\triangle AGH$）面积相等的三角形. 将等式两端的两个三角形都拿掉之后，得

弦方$BDEC$ = 勾方$AGFB$ + 股方$ACKH$.

大卫国王改进了这个证明,其图如图 7.2 所示. 四个六边形的边长是相等的,P 点的角(直角加上 a 和 c 两边的夹角)是相等的,Q 点的角(直角加上 b 和 c 两边的夹角)也是相等的. 因此,四个六边形的面积是相等的.

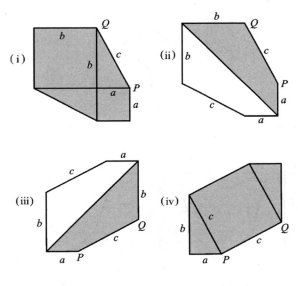

图 7.2

在这个证明中,新娘的椅子不见了.

达·芬奇的证明,再经中国学者加工将更加艺术化,如图 7.3～图 7.5. 将图 7.3 沿 $ABCDEFA$ 剪下,得到两个大小完全相同的纸片 I,II,如图 7.4. 将纸片 II 上下翻转后与纸片 I 拼成如图 7.5 所示的图形.

容易证明$\angle E'A'B'$、$\angle C'D'F'$为直角，再证明四边形$B'C'F'E'$是以 c 为边的正方形.

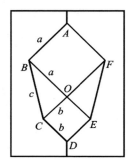

图 7.3

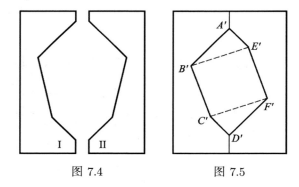

图 7.4　　　　　　图 7.5

证法二　无字的证明（如图7.6）

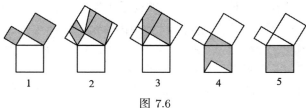

图 7.6

提示：在 2 的弦方上面再做一个弦方.

证法三 邵建凯的证明

2006 年 5 月，我住在邵建凯家. 当时，他是乐清市虹桥镇一中初一学生. 我每天给他讲半小时勾股定理的证明，让他做一道题. 约十天后，讲到勾股定理的欧几里得经典证明，图7.7. 详细讲了：

$$\triangle ADC \cong \triangle ABI,$$

矩形 $ADKL$ 的面积等于正方形 $ACHI$ 的面积，等于 b^2. 要求他证明矩形 $LKEB$ 的面积等于 a^2，并给他连上 CE 线.

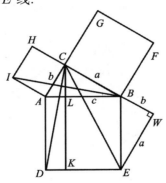

图 7.7

他想了一段时间，过来问，用其他方法行吗? 我看了看他的图，将 CB 延长，再从点 E 作 CB 的垂线，交于点 W，并作了直角的标记.

我说："讲出道理，证明对就行".

他说："我只需一个 $\triangle EBC$ 就行.

在 $\triangle EBC$ 中，以 BE 为底，$BE//CK$，三角形

高为 EK, 所以

$$S_{\triangle EBC} = \frac{1}{2} BE \cdot EK = \frac{1}{2} S_{\square LKEB}.$$

在同一个 $\triangle EBC$ 中, 视 BC 为底, 高为 EW (你证明过 $\triangle EWB \cong \triangle BCA$), 所以

$$S_{\triangle EBC} = \frac{1}{2} BC \cdot EW = \frac{1}{2} a^2,$$

故
$$S_{\square LKEB} = a^2. "$$

我要他重新画一个图,把不必要的辅助线都去掉. 他画了图 7.8. 该图中"新娘的椅子"是无影无踪了. 但证法保留了欧几里得证明的两大优点. 在图 7.8 的底部加上一个勾股形就成为赵爽的另一弦图了.

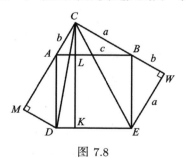

图 7.8

证法四 Dudeney的证明

由英国人 H. E. Dudeney (1857—1930) 给出的证明, 曾在许多著作中出现, 很多人喜欢它 (如图 7.9). 做法是通过较大直角边的正方形的对称中心, 作一条水平线 (平行勾股形的斜边) 和一条垂线, 将正方形分成四块. 然后将勾方和这四块如图所示填入弦方, 不大不小, 定理得证.

图 7.9

读者还可以考虑不通过对称中心行不行. 再请读者研究图 7.10 与图 7.11, 它们分别属于 N.Nielsen (丹麦) 与 H.Perigal, 它们既是新娘椅子型又是出入相补型. 这种分类是不唯一的, 为了方便可能带来不方便.

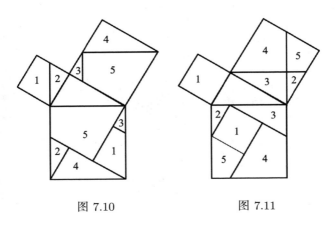

图 7.10　　　　图 7.11

第二类 出入相补型

用"出入相补原理"证明勾股定理,虽印度、阿拉伯国家、英国与丹麦等国都出现过,但以中国最为突出,据说不下 200 种,数量之多在全球遥遥领先,而且在水平上也表现出高超的智慧,如五巧板、铺地锦等.

证法一 根据刘徽恒等式得来的证明

该证法属于道格拉斯·罗杰斯,他在研究中国数学史的过程中发现了它. 他为此撰写了:《勾股形框架,被刘徽切开》;《出乎意料的奇缘:勾股定理为何在内切圆上迂回》. 证明分为两步. 首先请注意到刘徽的一个恒等式:

$$a + b = c + d,$$

式中 a 和 b 为直角三角形的两直角边的边长,c 为斜边(即弦长),d 为该直角三角形内切圆的直径(如图 7.12). 易知,直角三角形面积 $S = \dfrac{ab}{2}$,半周长 $P = \dfrac{1}{2}(a+b+c)$. 由图 7.12 可知,内切圆半径 $r = \dfrac{S}{P} = \dfrac{ab}{a+b+c}$,故 $d = \dfrac{2ab}{a+b+c}$.

下面用代数方法证明刘徽恒等式.

$$\begin{aligned}
& c + d \\
= & c + \frac{2ab}{a+b+c} \\
= & c + \frac{2ab(a+b-c)}{(a+b+c)(a+b-c)}
\end{aligned}$$

$$= c + \frac{2ab(a+b-c)}{(a+b)^2 - c^2}$$
$$= c + \frac{2ab(a+b-c)}{2ab}$$
$$= a + b,$$

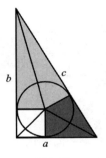

图 7.12

计算过程中,使用了 $a^2 + b^2 - c^2 = 0$.

可刘徽不是这么证的,他用极聪明的几何直观加以证明. 图 7.12 将勾股形剪割为五块,一块边长为 r 的正方形、四块两两全等的直角三角形. 将勾股形切开后的五块重新安置成长方形的带子(如图 7.13 所示,每条矩形中包含四个勾股形,即四个赵爽的朱实). 将图 7.13(i) 中左上方长方形带子中的小正方形移动到最左端成为图 7.13(ii) 恒等式的证明即告完成.

因为从图 7.12 可知,被切开后的一大一小三角形的两股长之和为 c; 小正方形边长(即内切圆半径 r)加上小三角形的股为 a; 加上大三角形的股为 b.

记住这些再观察图 7.13(ii) 的左边并将邻居的两个小正方形借用过来,上面的长度是 $a+b$,下面的长度是 $c+d$. 这证明多简单多精彩!

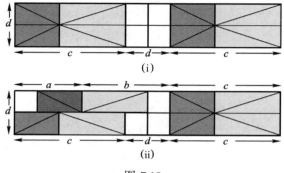

图 7.13

更奇妙的是,将上面的横条 (图 7.13(i)),如图 7.14(i) 安置在边长为 $c+d$ 的正方形中;将下面的横条摆放成四个勾股形,如图 7.14(ii) 安置在边长为 $a+b$ 的正方形中,勾股定理的证明即告完成.

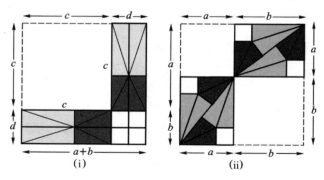

图 7.14

还有一些中国刘徽(公元 3 世纪)关于勾股定

理的证明,有的很巧妙,出现在北美的一些网站上,值得研究.

证法二 5月3日发现的证明

2007年5月3日,在首届中国工业与应用数学学会苏步青应用数学特别奖得主周毓麟老师家中,见到他早年笔记本上有关勾股定理的很多证明[①].

图 7.15 别出心裁、与众不同,在其他证明的最后,没有标明出处. 与第四节,中国古代八学者的证明及我见过的其他证明都不一样,股方与弦方的安置特别巧妙,特予介绍.

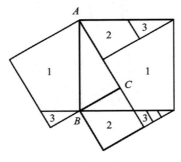

图 7.15

如图 7.15 所示,将股方的"3"先东西向平移至有阴影的"3",再南北向平移至弦方的"3",这样证明起来,非常方便.

---

① 周毓麟院士,1982 年、1985 年先后获国家自然科学一等奖和国家科学技术进步特等奖. 由于他的杰出成就,1996 年、1997 年与 2006 年分别获得何梁何利基金科技进步奖、华罗庚数学奖和首届 CSIAM 苏步青应用数学特别奖.

证法三 傅种孙的铺地锦

我国现代数学家、数学教育家傅种孙（曾任北京师范大学校长）创造的图 7.16，集"出入相补"证明勾股定理之大成. 他画出一个勾方和股方拼成的"铺地锦". 在其上，将弦方移动至任意位置，可见弦方中含有若干小块，几块出自勾方，几块出自股方，再把出自勾方的几块和出自股方的几块分别平行移动，便可分别凑成勾方和股方，其妙无穷.

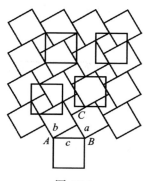

图 7.16

证法四 五巧板

马复主编，北京师范大学出版社出版的《义务教育课程标准实验教科书》在勾股定理章（本册主编孔凡哲、章飞）介绍了"五巧板".

作直角 $\triangle ABC$，以斜边 AB 为边向内作正方形 $ABDE$，延长 BC 交 DE 于点 I（如图 7.17），作 $DF \perp BI$，取 $CG = CB$，再作 $HG \perp AC$，正方形 $ABDE$ 被分割成五块：①~⑤. 沿这些线段将正方形剪割开来，就得到一副五巧板.

做两副五巧板,可以拼接出如图 7.18所示的图形. 通过该图就能证明勾股定理. 若将①与③拼接的勾方安置在线段 CB 的下面就是华蘅芳的图 4.12. 中国古代学者陈杰、何梦瑶、李潢和李锐的"解体用图",甚至李潢为刘徽的复原图 4.3 都可以通过五巧板拼接出来. 五巧板还能创造一些新的证明.

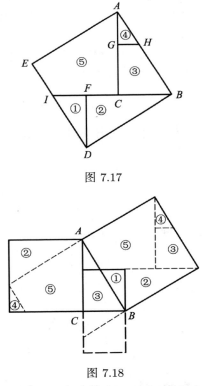

图 7.17

图 7.18

这种五巧板"寓教于乐",既能提高青少年学习数学的兴趣,培养精确画图、准确剪割的动手能力,又将勾股定理的出入相补型证明上升一个层次,值得提倡.

第三类 比例关系型

证法一 通过比例中项的证明

这是"文革"前湖南省中学教科书上的证明.此证明没有使用面积概念,是一个比较简单而又精彩的证明.

如图 7.19 所示,从直角顶点 C 作斜边 AB 上的高 CH,得三个相互相似的直角三角形:

$$\triangle ABC \sim \triangle CBH \sim \triangle ACH.$$

根据相似三角形对应边成比例,得

$$f:a = a:c;\ e:b = b:c,$$

即

$$\frac{f}{a} = \frac{a}{c};\ \frac{e}{b} = \frac{b}{c},$$

由比例中项定理(或移项)知

$$a^2 = cf;\ b^2 = ce,$$

相加得 $a^2 + b^2 = c(f + e) = c^2$.

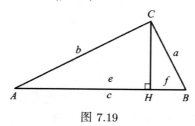

图 7.19

证法二 依赖投影关系的证明

再次用图 7.19,由投影关系得

$$a = c\cos B, b = c\cos A,$$

$c = e + f = b\cos A + a\cos B = c(\cos^2 A + \cos^2 B).$

由此推出$\cos^2 A + \cos^2 B = 1$,故

$a^2 + b^2 = c^2(\cos^2 B + \cos^2 A) = c^2$,证毕.

注意,这里$\cos^2 A + \cos^2 B = 1$,不是根据勾股定理推出的. 这证明实质上就是证法一的变异.

证法三 通过相似图形面积比的证明

根据相似平面图形的面积之比等于其对应边平方之比,任何正方形都相似,所以在图 7.20 中

面积Ⅰ:面积Ⅱ:面积Ⅲ$=a^2 : b^2 : c^2.$

"正方形"的要求是多余的,只要图形相互相似即可.

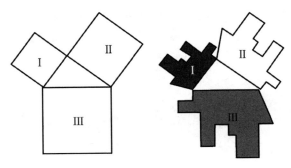

图 7.20

众多相似形中,最简单最有用的莫过于与原本三角形相似的直角三角形. 如图 7.21 所示,在直角

三角形三边上分别画上三个和中间三角形相似的直角三角形. 请注意：第Ⅲ个和原本三角形全等，所以面积相等. 如图，从三角形直角的顶点引垂线至斜边，将中间三角形分成两部分，则面积Ⅰ恰好等于中间三角形左边的面积，面积Ⅱ恰好等于右边的面积. 由图 7.21（ii）可知：面积Ⅰ＋面积Ⅱ＝面积Ⅲ. 与此同时，对于同一图形，面积Ⅰ：面积Ⅱ：面积Ⅲ$=a^2:b^2:c^2$依然成立. 所以

$$\frac{面积Ⅰ}{面积Ⅲ}=\frac{a^2}{c^2};\frac{面积Ⅱ}{面积Ⅲ}=\frac{b^2}{c^2},$$

故 面积Ⅰ＋面积Ⅱ$=\left(\dfrac{a^2}{c^2}+\dfrac{b^2}{c^2}\right)$面积Ⅲ，由此推出 $\dfrac{a^2}{c^2}+\dfrac{b^2}{c^2}=1$，即$a^2+b^2=c^2$.

该证明的思路及图形，我是在《勾股定理证明评鉴》（香港道教联合会青松中学梁子杰）上第一次见到，梁子杰先生的文章评鉴了勾股定理的七个证明，文章精练，图形精美，分析精辟，值得一读.

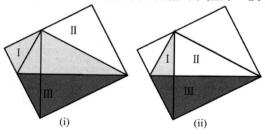

图 7.21

证法四 欧几里得的另一个证明

另一个证明在《几何原本》卷 6 命题 31，卷 6

谈的是面积比、相似形和比例理论,共有 33 个命题,并结束了对平面几何的讲述.

卷 6 命题 31 在直角三角形中,对着直角的边上所作的图形(面积)等于夹直角边上所作与前图形相似且有相似位置的两图形(面积)的和.

该命题用相似形和面积比证明,证法与"证法三"相似,限于篇幅,证明从略.

第四类 代数计算型

证法一 James A.Garfield的证明

美国第 20 任总统加菲尔德(1831—1881),于 1876 年 4 月 1 日,在《新英格兰教育杂志》上发表他对勾股定理的一个证明.

如图 7.22 所示,将两个全等直角三角形一横一竖拼接成直角梯形,利用梯形面积公式,得

$$S_{ABCD} = \frac{1}{2}(a+b)(a+b) = \frac{1}{2}(a^2+b^2)+ab.$$

同时,它是由两个全等的勾股形和一个等腰直角三角形组成,所以其面积为

$$S_{ABCD} = ab + \frac{1}{2}c^2.$$

比较两式,得 $a^2+b^2=c^2$.

对该证明的评价,褒贬不一. 有人认为:"图形之简明、计算之便捷确实有总统级水平";也有人认为:"只不过将赵爽弦图切开一半罢了,何况梯形面积公式不比正方形面积公式简单". 至于我个人比较喜欢端庄、方正与对称.

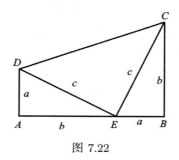

图 7.22

证法二 通过凹四边形的证明

将同样大小的两个矩形一横一竖地拼在一起,如图 7.23 所示,考察凹四边形 $ACFE$,证明的关键是将它进行两种不同的分割.

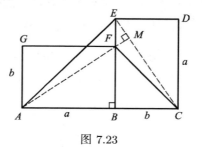

图 7.23

首先,将凹四边形分割为两个等腰直角三角形:$\triangle ABE$ 和 $\triangle FBC$,两者面积是 $\frac{1}{2}a^2$ 和 $\frac{1}{2}b^2$,故 $S_{ACFE} = \frac{1}{2}(a^2 + b^2)$.

其次,将其分割为两个钝角三角形:$\triangle AFE$ 和 $\triangle AFC$. 易证 $AM \perp CE$($\triangle ABF \sim \triangle EMF$),

所以$S_{AFE} = \frac{1}{2}AF \cdot EM$，$S_{AFC} = \frac{1}{2}AF \cdot MC$，
$S_{ACFE} = S_{AFE} + S_{AFC} = \frac{1}{2}AF(EM+MC) = \frac{c^2}{2}$.

这样立即得到$a^2 + b^2 = c^2$.

证法三 通过勾股形内切圆的证明

如图 7.24所示，在直角$\triangle ABC$内作内切圆，其半径为r，则斜边$c = (a-r)+(b-r)$，故$r = \frac{a+b-c}{2}$. 由于
$$S_{\triangle ABC} = \frac{ab}{2} = r \cdot \frac{a+b+c}{2}$$
$$= \frac{a+b-c}{2} \cdot \frac{a+b+c}{2},$$
得 $2ab = (a+b)^2 - c^2 = a^2 + b^2 + 2ab - c^2$,
即 $c^2 = a^2 + b^2$.

用代数方法，通过计算证明勾股定理的证法还有很多. 初稿有介绍互相联系的变化着的八种证法. 限于篇幅，将另文在《数学通报》上发表.

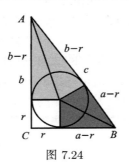

图 7.24

八、从勾股定理到勾理数组

勾股数组简称勾股数,中国大百科全书(数学卷,第33页,柯召、孙琦)上的定义是:"**商高数** 满足不定方程$x^2+y^2=z^2$的正整数,叫做商高数(勾股数),也叫毕达哥拉斯数".

不定方程$x^2+y^2=z^2$,又称为勾股方程.根据勾股定理,只要是直角三角形的三边(边长)都满足勾股方程.不过毕达哥拉斯时代,对于数只知道整数和分数,特别是只讨论它的正整数解.如定义所说,我们只研究该方程的正整数解.

前已指出,我国最古老的经典著作《周髀》中,商高答周公曰:"……勾广三、股修四、径隅五".根据这个三边都是正整数的直角三角形,可见商高已经知道该方程的一组正整数解$x=3$,$y=4$,$z=5$.

比商高晚出生500多年的古希腊数学家毕达哥拉斯也给出了该方程的一些正整数解:

$$2n+1, 2n^2+2n, 2n^2+2n+1 (n为整数), \quad (1)$$

当$n=1$时,即3,4,5.

毕达哥拉斯(简称毕氏)企图找到各种各样的三个整数组表示直角三角形三边长度的普遍公式.可

惜这组解并不是方程的全部解,因为它的整数值限于斜边与一条直角边的差恒为1的情形. 毕氏研究过各种等差数组求和,如 $N = 1+3+5+7+\cdots+(2n-1)$ 形成一系列"正方形数"(如图8.1),毕氏学派曾发现从1开始连续奇数之和必为平方数的关系:

$$1 = 1^2,$$

$$1+3 = 2^2,$$

$$1+3+5 = 3^2,$$

$$1+3+5+7 = 4^2,$$

$$1+3+5+7+9 = 5^2,$$

$$\cdots\cdots$$

$$1+3+5+7+\cdots+(2n-1) = n^2, \qquad (2)$$

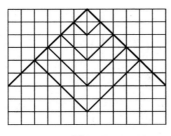

图 8.1

我曾用两种代数方法证明 (2),但都不如文献 [8] 提供的"正方形数"来得直观形象,好懂易记. 这是"形数结合"的特殊优越性.

我们推测,毕氏从公式 (2) 很容易推出商高数公式 (1) [2],这是由于 $1+3+5+\cdots+(2k-1) = k^2$;
$1+3+5+\cdots+(2k-1)+[2(k+1)-1] = (k+1)^2$,

第二式左端前 k 项之和为 k^2,如果左端最后一项、该奇数恰好是某一奇数 $2n+1$ 的平方(比如 $25=5^2$,$49=7^2$,$81=9^2$ 等),即

$$[2(k+1)-1] = 2k+1 = (2n+1)^2 \qquad (3)$$

那么左端就是两个平方数 k^2 和 $(2n+1)^2$ 之和. 它等于右端 $(k+1)^2$.

由(3)式:$2k+1 = (2n+1)^2 = 4n^2+4n+1$,解出 k,得知 $k = 2n^2+2n$,于是有

$$(2n^2+2n)^2 + (2n+1)^2 = (2n^2+2n+1)^2 \qquad (4)$$

即 $2n+1, 2n^2+2n, 2n^2+2n+1$ 是毕达哥拉斯数(1),也是商高数.

如果将 $2n+1$ 记为 m(m 为奇数),则公式(4)成为

$$m^2 + \left(\frac{m^2-1}{2}\right)^2 = \left(\frac{m^2+1}{2}\right)^2, \qquad (5)$$

故毕达哥拉斯给出的勾股数组为

$$m, \frac{m^2-1}{2}, \frac{m^2+1}{2} (m \text{为奇整数}), \qquad (6)$$

它不是勾股方程的全部解.

继后,希腊学者柏拉图(公元前 427—前 347)也给出类似的公式:

$$2n, n^2-1, n^2+1 (n \text{为整数}) \qquad (7)$$

当 $n=2,3,4$ 时,分别为 $(4,3,5)$;$(6,8,10)$;$(8,15,17)$,其特点是斜边与一直角边之差恒为 2,(7) 也不是勾股方程的全部解.

经过数百年的努力,勾股方程的全部解的问题已经彻底解决. 文献[13]一书就给出五种求解方法. 不过最通俗易懂的还是俄罗斯著名科普大师别莱利曼(1882—1942)介绍的方法.

下面先叙述一些简单的预备知识.

引理1 奇数的平方仍为奇数;偶数的平方仍为偶数.

设奇数 $a=2n+1$(n为正整数),则

$$a^2 = (2n+1)^2 = 4n^2+4n+1 = 4(n^2+n)+1$$

为奇数.

设偶数 $b=2m$(m为正整数),则

$$b^2 = (2m)^2 = 4m^2,$$

可见 b^2 为偶数而且可以被4整除.

引理2 如果 (a,b,c) 是勾股方程 $x^2+y^2=z^2$ 的一组正整数解,即商高数,则 (ka,kb,kc) 也是一组商高数,其中 k 是任意正整数.

证明并不难,只要代入验证即可. 反过来,如果某商高数组有一个共同的乘数 p(即公约数 p),那么用这个公约数 p 去除它们,又得到一组商高数. 故我们只需寻求最简单的无公约数的商高数(其余的解都是由它们乘上正整数 p 得出来的). 我们将无公约数的商高数称为本原商高数.

引理3 本原商高数 a、b、c 中的一条"直角边"（勾或股）的长度应当是偶数，而另一条的长度必是奇数，即一偶一奇.

用反证法证明这一结论. 如果两条"直角边"（勾和股）的长度 a 和 b 都是偶数，那么 a^2+b^2 也是偶数，由勾股方程知 c^2 也是偶数，再由引理1推出"斜边"（弦）的长度也是偶数. 这和 a、b、c 没有公约数是相矛盾的，因为三个偶数至少有一个公约数2. 所以有一条"直角边"的长度必是奇数.

再证两条"直角边"的长度都是奇数也是不行的. 事实上，如果两条"直角边"的长度都是奇数，记为 $2h+1$ 和 $2k+1$，那么它们的平方和应该等于

$$4h^2+4h+1+4k^2+4k+1 = 4(h^2+h+k^2+k)+2$$

不是平方数，因为所有偶数的平方都应该被 4 整除（除尽），所有奇数的平方仍为奇数. 故本原商高数 a、b、c 中的勾与股只能一奇一偶，引理 3 证毕.

由上可知，直角边中一定有一个是奇数，另一个是偶数，这时 a^2+b^2 是奇数，由此推出斜边 c 也是奇数.

为书写方便，将奇数的直角边记为 a，偶数的直角边记为 b，由勾股方程 $a^2+b^2=c^2$ 容易得到 $a^2 = c^2-b^2 = (c+b)(c-b)$.

再次用反证法证明等式右端的乘数 $(c+b)$ 与 $(c-b)$ 互为素数，即没有公因数.

反之，如果这两个数有公共的质因数 q（$q\neq 1$），那么这两个数的和 $(c+b)+(c-b)=2c$，以及这两个

数的差$(c+b)-(c-b)=2b$,以及乘积$(c+b)(c-b)=a^2$都应该能被这个质因数整除,也就是说,$2c$、$2b$和a^2有一个公因数(公约数)q. 由于a是奇数,所以a^2也是奇数,故这个公因数不可能是2,那就只有a、b、c有一个公因数q ($q \neq 1$),这是不允许的. 因为a、b、c是本原商高数. 这个矛盾说明$(c+b)$和$(c-b)$互为素数. 根据整数因子唯一分解定理,如果这两个互为素数的数的乘积是一个平方数(a^2),那么它们自己也是一个平方数,即

$$\begin{cases} c+b=m^2, \\ c-b=n^2, \end{cases} \quad (8)$$

由于$(c+b)$与$(c-b)$互为素数,故m与n互为素数. 解方程组(8),得

$$c=\frac{m^2+n^2}{2}, b=\frac{m^2-n^2}{2},$$
$$a^2=(c+b)(c-b)=m^2 \cdot n^2, a=mn.$$

由于a为奇数,故m与n都为奇数.

由上,我们得到本原商高数的明显表达式是

$$a=mn, b=\frac{m^2-n^2}{2}, c=\frac{m^2+n^2}{2}, \quad (9)$$

其中m与n是两个互为素数的奇数,且$m>n$.

反过来,容易检验:对于任意奇数m与n且$m>n$,上面的公式(9)给出的a,b,c都是商高数. 不过不一定都是本原商高数罢了. 当m与n同为偶数或一奇一偶时,公式(9)将如何? 读者可自己多试试,其乐无穷.

希腊数学家丢番图（约公元246—330）以善解不定方程著称。他的《算术》中最有名的一个不定方程是第2卷问题8：将一个已知的平方数分为两个平方数[8]。

用现代符号表述，相当于已知平方数 z^2，求数 x 和 y，使 $x^2+y^2=z^2$。在丢番图著作里，所有的数都是指正有理数。丢番图以平方数 16 为例说明他的解法，先设第一个未知平方数为 x^2，则另一个为 $16-x^2$。现在问题变成寻求 $16-x^2$ 为另一个平方数 y^2。设 $y=kx-4$（一般设 $y=kx-z$，这里 $z=4$，是为了消去 16，使方程中无常数项，以利于求解），k 是某一有理数，如取 $k=2$，有

$$16-x^2=y^2=(2x-4)^2=4x^2-16x+16,$$

消去 16，得 $5x^2-16x=0$，即 $(5x-16)x=0$，因为 x 和 y 为正有理数，可以求得 $x=\dfrac{16}{5}$，$y=\dfrac{12}{5}$。当 k 取不同数值时，还有其他的解，但丢番图往往只给出一组解[8]。最后将 16 分为 $\left(\dfrac{16}{5}\right)^2$ 与 $\left(\dfrac{12}{5}\right)^2$ 之和。

这个问题之所以有名，是因为法国数学家费马在阅读《算术》时，对该问题所作的一个边注，引出了举世瞩目的"费马大定理"。

西方不少学者认为最先得到勾股方程全部解的是丢番图。实际上他没有明确表达出来[2]。

比丢番图更早更明显地表达商高数全部解公式的是中国的刘徽，这是值得大书特书的事[2]。刘徽

为《九章算术》作注,是在公元 263 年,那年丢番图约 16 周岁,故刘徽表述商高数全部解公式比丢番图更早.

《九章算术》第九章《勾股》第 14 题[2]:

"今有二人同所立. 甲行率七,乙行率三. 乙东行,甲南行十步而邪东北与乙会. 问甲乙行各几何?

答曰:乙东行一十步半;甲邪行一十四步半及之."

"同所立"即站在同一地点;"行率"即速度;"邪"即斜. 甲乙所走路程之比为 $\frac{10+c}{b} = \frac{7}{3}$ 或 $\frac{10+c}{7} = \frac{b}{3} = k$($a$、$b$、$c$及东、南如图8.2),$k$ 为比例常数,k 的实际含义为所需时间. 以 $a=10$,$b=3k$,$c=7k-10$ 代入勾股方程 $a^2+b^2=c^2$,得

$$10^2 + 9k^2 = (7k-10)^2 = 49k^2 - 140k + 100,$$

可知 $k = \frac{7}{2}$,最后得 $b = 10\frac{1}{2}$(步),$c = 14\frac{1}{2}$(步).

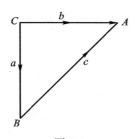

图 8.2

《九章算术》却用一种非常奇特的解法. 先求出勾股形三边的一般表达式,即勾股数(商高数)的

一般表达式. 再由 $a=10$, 按比例求出另两边的长度. 原文如下:

"术曰: 令七自乘, 三亦自乘, 并而半之, 以为甲邪行率. 邪行率减于七自乘, 余为南行率. 以三乘七为乙东行率. 置南行十步, 以甲邪行率乘之, 副置十步, 以乙东行率乘之, 各自为实. 实如南行率而一, 各得行数."

根据术文, 具体算出如下:
$\frac{7^2+3^2}{2}=29$ (甲邪行率), $7^2-\frac{7^2+3^2}{2}=\frac{7^2-3^2}{2}=20$ (南行率), $3\times 7=21$ (乙东行率). 故得 $a:b:c=20:21:29$. 再按术文 "置南行十步, ……"为, $10\times 29=290$, $10\times 21=210$, 所得之实(即乘积)用南行率20除之, 分别得行数 $c=\frac{290}{20}=14\frac{1}{2}$ (步), $b=\frac{210}{20}=10\frac{1}{2}$ (步).

古代人还没有发明用字母来代表数, 只能通过具体的数字运算揭示一般的内在规律, 各文明古国都是如此. 如将甲乙行率 $7:3$ 换成字母 $m:n$ (m、n 互素), 此时,

甲邪行率为 $\frac{m^2+n^2}{2}$, 南行率为 $\frac{m^2-n^2}{2}$, (9*)
乙东行率为 mn.

这就是商高数的一般表达式(9).

对使人惊奇的前段术文(算法), 提倡"推理以辞, 解体用图"的刘徽写了一段很精彩的注文, 说明公式(9*)的来源. 还进一步用辞和图加以证明. 见文献 [2] 第 283 页.

九、从勾股定理到数学危机

小学学过数的辗转相除,用辗转相除法求两个正整数的最大公约数(最大公因数).

形的辗转相除与数的辗转相除是同样的原理. 毕达哥拉斯学派坚持的信条是:"万物皆数",即一切现象都可以归结为整数或整数与整数之比. 由此,他们认为"任何两条不等长的线段,总有一条最大公度线段". 该最大公度线段可用线段(形)的辗转相除法求得. 具体作法是(如图9.1):

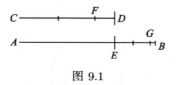

图 9.1

设两条线段 $CD < AB$,在 AB 上用圆规从点 A 起,连续多次截取长度为 CD 的线段. 若没有剩余,则 CD 就是最大公度线段. 若有剩余,设剩余线段为 $EB(EB < CD)$,再在 CD 上多次截取长度为 EB 的线段,若没有剩余,则 EB 就是最大公度线段,若有小于 EB 的剩余,设为 FD,再在 EB 上尽可能多地截取长度等于 FD 的线段,如此辗转,

翻来复去地作下去.由于作图工具和视力感觉的限制总会出现没有剩余的现象.

毕达哥拉斯学派对勾股定理的深入研究,导致了不可公度量的发现.学派成员希帕萨斯(公元前5世纪)通过严格的逻辑推理而不是手工用圆规去实测,他发现:等腰直角三角形的直角边与其斜边不存在最大公度线段,亦即正方形对角线与其一边之比不能用两整数之比表达.

定理 正方形的对角线与它的边是无公度线段.

如图 9.2 所示:AC 为正方形 $ABCD$ 的对角线,AB 为它的一边,$AE = AB$,$FE \perp AC$,易知△ABC是等腰直角三角形,故$\angle 1 = \angle 2 = 45° = \angle 3$,所以△$CEF$亦是等腰直角三角形.

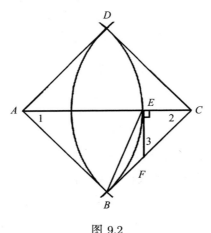

图 9.2

现在按照上述方法求AC与AB的最大公度线段.由于$AB < AC < 2AB$(即$AB + BC$),故在AC上截

取 $AE=AB$,剩余线段为 EC,再用 EC 去截 AB. 因为 BC 与 AB 等长,故可用 EC 去截 BC.

我们先考察一下 BF 的长度,由图 9.2 可见 $\triangle ABE$ 是等腰三角形,$\angle ABE = \angle AEB = 67.5°$,故 $\angle EBF = \angle BEF = 22.5°$(因为 $\angle B = \angle AEF = 90°$),所以 $BF = EF = EC$. 这样一来,在线段 BC 上截取一段 $BF = EC$ 之后,在 EC 与 BC(即 AB)之间求公度转成为 EC 与 FC 之间求公度. 但 $\triangle CEF$ 又重新构成一个等腰直角三角形,往下,就只能重复以上的作法. 如此继续下去,永无止境,始终求不出 AC 与 AB 的最大公度线段. 故它们是无公度的线段.

上述定理表明:当正方形 $ABCD$ 为单位正方形时,设 AB 长为1,对角线 AC 的长,既不能用整数也不能用分数(整数与整数之比)来表示. 也就是说,对角线的长 AC 与边长 AB 是不可公度的,即"不可通约"的量. 它显示,希帕萨斯从几何上发现了无理数的存在,这对数学的发展、人类的文明作出了重大的贡献,理应得到赞赏与奖励. 谁知反而因此失去了生命,被本学派成员投海毙命、葬身鱼腹[14].

究其原因:毕达哥拉斯学派的哲学基础是"万物皆数",他们将抽象的数作为万物的本原. 他们研究数学的目的是企图通过揭示数的奥秘来探索宇宙的永恒真理. 他们发现数与几何图形的和谐,数和音乐的和谐,数与天体的运行都有密切的关系[14]. 他们所谓的数就是整数与分数,除此之外他们不知道也不承认别的数. 他们认为数是至高无上的,是万能的,万物都可以用数来表示,现在希帕萨斯弄出个正方形的对角线不能用他们所说的数来表示,这对他们的宗教信条是一个致命的打击.

根据勾股定理,$\overline{AC}$的长度是个"怪物",这个"怪物"的平方:

$$\overline{AC}^2 = \overline{AB}^2 + \overline{BC}^2 = 1 + 1 = 2 \quad (\overline{AB} = \overline{BC} = 1),$$

却等于整数2,这更使他们惊恐不安.

由于"怪物"的出现,对希腊人来说,这引起巨大的创伤,引起数学界、哲学界和宗教界的混乱,造成了数学史上的第一次数学危机.

希帕萨斯对不可公度(不可通约)量的研究是多方面的.

苏步青数学教育奖创议者之一,海外华人数学家项武义教授(美国加州大学伯克利分校,本丛书顾问)经考察认为:希帕萨斯首先发现的是正五边形边长与对角线长不可公度[15].

希帕萨斯画了如下的图(如图9.3)并作了分析:三角形的内角和等于π(这里π代表180°),任何五边形可以分割成三个三角形,故其内角和都等于3π,所以图9.3中的正五边形$A_1B_1B_2C_2C_1$的每个内角都等于$\dfrac{3\pi}{5}$. 在$\triangle B_1B_2C_2$中,$B_1B_2 = B_2C_2$,$\angle B_1B_2C_2 = \dfrac{3\pi}{5}$,经过计算易知等腰$\triangle B_1B_2C_2$的两个底角都等于$\dfrac{\pi}{5}$. $\triangle B_2C_2C_1$亦同.

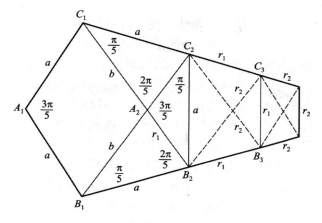

图 9.3

记对角线 $\overline{B_1C_2}$ 与另一对角线 $\overline{C_1B_2}$ 的交点为 A_2. 在 $\triangle A_2B_2C_2$ 中，两底角 $\angle A_2B_2C_2 = \angle A_2C_2B_2 = \dfrac{\pi}{5}$（前面已算出），由此推出顶角 $\angle B_2A_2C_2$ 为 $\dfrac{3\pi}{5}$，它的补角 $\angle C_1A_2C_2$ 为 $\dfrac{2\pi}{5}$，$\angle C_1C_2A_2$ 亦为 $\dfrac{2\pi}{5}$. 所以，$\triangle A_2B_2C_2$ 与 $\triangle C_1A_2C_2$ 都是等腰三角形，且 $A_2B_2 = A_2C_2$，$C_1A_2 = C_1C_2$.

通过以上分析，若以正五边形的边长 a（如图 9.3）去度量（截取）其对角线长 b（即 C_1B_2），则线段 b 上的剩余线段 r_1（即 A_2B_2 且 $r_1 < a$）恰好是等腰 $\triangle A_2B_2C_2$ 的等边的边长. 若将 $\overline{C_1C_2}$ 延长一段 $\overline{C_2C_3} = r_1$，$\overline{B_1B_2}$ 也延长一段 $\overline{B_2B_3} = r_1$，则易证五边形 $A_2B_2B_3C_3C_2$ 亦是一个正五边形，它的边长为 r_1，对角线长为 a.

因此，当再用 r_1 去截取（度量）对角线 a（$a = B_2C_2$，亦即 C_1C_2）时，实质上还是用一个正五边形的边长去度量其对角线的长度.同理,新的剩余线段r_2又是一个更小一号的正五边形的边长而其对角线长则为r_1.如此辗转度量(即辗转相除)下去,每次都是用一个正五边形的边长去度量其对角线长,只是正五边形边长逐次缩小罢了.这种辗转度量是永无止境的,这种无休无止就证明了线段a与线段b之间的最大公度线段不存在,即a和b是不可公度的.

项武义教授接着说,希帕萨斯接着还用下述图解(即前图9.2,故略)证明正方形的边长与其对角线长的辗转度量也是永无止境的[15].

总之,古希腊数学家希帕萨斯的研究是深刻的,是多模型的,他对数学的发展、人类的文明做出了巨大的贡献,功不可没.

毕达哥拉斯从他有希望(只要引入新的数)把几何图形与数互相联系(互相对应)的实际面前后退,并宣布某些长度不能用一个数来表示[5].毕达哥拉斯把这种长度称为"alogon"(不是一个比),现在译为"无理".然而,alogon有双重含义,它还意味着"不要说".据某传说,希帕萨斯公布了他的发现,泄露了这个悖论,他被暗杀了[5].

$\sqrt{2}$与1不可公度的代数证明还是毕达哥拉斯学派给出的.他们用的是归谬法,即间接证法或反证法.

下面对任意等腰直角三角形给出证明.假设斜边能与直角边公度,则推出矛盾.现假设等腰直角三角形斜边与一直角边之比为$p:q$,并设这个比已表达成最小整数之比,即p与q是没有公约数的.根

据勾股定理得 $p^2 = q^2 + q^2 = 2q^2$. 由上可见 p^2 是偶数, 故 p 必然也是偶数 (因为任一奇数 $2n+1$ 的平方必定是奇数), p 既是偶数, 故可设 $p = 2r$ (r 为整数), 用 $p = 2r$ 代入上式, 得 $p^2 = (2r)^2 = 4r^2 = 2q^2$, 因此 $q^2 = 2r^2$, 这样一来, q^2 是偶数, q 也是偶数, 因此 p 与 q 有公约数 2 存在, 这就得出了矛盾.

这个证明, 原来是包括在欧几里得《原本》的早期版本中的, 作为卷 10 命题 117, 不过《原本》原始版很可能是没有该证明的, 所以现代版本把它删去了.

这个证明, 我在大学一年级学习《高等代数》时, 华罗庚的导师杨武之教授讲授过, 讲得很生动. 没过几天,《数学分析》课讲授实数理论时, 胡家赣研究员又证明了一次, 使我印象深刻, 终生不忘.

这个证明, 现在初中教材里就有, 今非昔比矣.

第一次数学危机后承认除整数和分数之外, 还存在另外的实数, 由于接受这种怪实数不心甘情愿, 于是给它取了个难听的名字: 无理数.

举世公认, "通过勾股定理, 导致不可通约量的发现, 是这个学派的重大贡献"(《中国大百科全书·数学》, 第 20 页).

十、数学大师首书刘徽勾股

我们敬爱的苏步青院士是中国近代数学的奠基者之一，专长微分几何，早年留学日本在仿射微分几何和射影微分几何方面做出了杰出的贡献，被国外权威学者称为"东方第一几何学家"。1931年归国之后，继续开展研究，不断扩大研究领域，创建了世人公认的中国微分几何学派。"文革"期间，他已70多岁高龄，处于被批斗的逆境，还利用下厂劳动的机会，结合船体数学放样的实际课题，创建并开拓了计算几何的新研究方向。他是一位成就卓越、享誉海内外的著名数学家，他在20世纪中国微分几何发展史中是先驱者之一。

2000年11月为庆贺苏步青院士百岁华诞，数学大师陈省身先生亲笔写去贺词："欧氏公理，刘徽勾股，克莱有群，步青投影，苏步青教授对中国几何有巨大贡献。值百岁寿辰撰芜句以献——陈省身。"陈先生把苏步青与欧几里得、刘徽、克莱因并列，给予了高度的评价[16]。

陈省身先生30年代初期在清华大学当孙光远（孙镕，SunDan）教授的研究生时，念的就是射影微分几何。陈先生曾在《微分几何讲义》（苏步青著，英译本）前言中写道[16]：

"我知道苏教授的大名是在30年代初我当研究生的时候. 那时, 作为一个微分几何方面的学生, 我读了他早年撰著的许多论文. 这些论文篇篇都显示出作者丰富的想象和广博的学识, 我从中得到的教益至今仍给我带来美好的回忆".

"他创建了一个微分几何的学派, 培养出许多优秀的学生, 其中有熊全治、张素诚、杨忠道、谷超豪、胡和生等. 从他的学生们所写的一些论文中可以看到他的重大影响."

由上可见数学大师陈省身先生对苏步青院士的钦慕和推崇. 他们是数学上的同行, 又都是搞微分几何的, 而且又都是从射影微分几何起步, 又都是杰出的教育家和享有盛誉的社会活动家, 有惊人的一致性.

以上是对贺词中"步青投影"的诠释.

"欧氏公理"指的是：欧几里得的《几何原本》, 它建立了用定义、公理、定理、证明构成的演绎体系, 是近代数学公理化的楷模. 这在本书第6节中已经介绍过.

"克莱有群"指的是：克莱因（德国数学家, 1849—1925）, 1872年（23岁）在他就任埃尔朗根大学教授时, 以《关于近代几何研究的比较考察》为题, 发表就职演说, 此即著名的《埃尔朗根纲领》. 其中, 克莱因从变换群的概念出发, 把当时已有的各种几何学综合起来, 并给出了明确的几何学的定义. 他实现了把当时已有的看起来彼此毫无关系的几何学（黎曼空间除外),在群的概念下,加以统一和分类.

至于"刘徽勾股",我平生第一次见到这种提法,此前没有任何人这样书写过.仔细琢磨起来,这提法是很科学、很确切的,更突出了勾股的重要性.

从大的方面来分析,"勾股定理在中国古代数学中占有特别重要的位置"[2],它是中国几何学的根源,中华数学的精髓:如开方术、割圆术、方程术和天元术等的诞生与发展,寻根探源,都与勾股有密切的联系.而且勾股定理与勾股术还是数学理论的一个重要生长点.正如吴文俊院士所说:"勾股定理在《九章》中已经有多种多样的应用,成为两千来年数学发展的一个重要出发点"[7].而刘徽是中国古代数学史上一个非常伟大的数学家(钱宝琮语)[17],也有学者称刘徽是"中国古代最伟大的数学家"[12].吴文俊院士的评价是:"从对数学贡献的角度来衡量,刘徽应该与欧几里得、阿基米德相提并论"(《〈九章算术〉注释》的序).刘徽长于几何,是中国古代伟大的几何学家.中国古代除"三角即勾股"外,还有"几何即勾股"的口头词.第4节中指出,在东西方的古代几何体系中,勾股所占的地位是很不相同的,上面分析也可知,中国古代对勾股的重要性及其地位大不同于西方,在中国古代重应用、重计算的特殊环境下,"几何即勾股"是有道理的.由上分析得出"刘徽勾股"未尝不可.

再从刘徽著作来分析,刘徽的主要数学著作有《九章算术注》和《海岛算经》两部.中国科学史学科的创立者之一钱宝琮先生主编的文献[17]中说:"他的杰作《九章算术注》和《海岛算经》,现在有传本,是我国最可宝贵的数学遗产."

《九章算术注》中,最突出的数学成就是"割圆术"和体积理论.本书以更为突出的"割圆术"为主简要地加以介绍.欲深入了解的读者可阅读王能超著《千古绝技"割圆术"——刘徽的大智慧》一书[18].

《九章算术》使用的圆周率一律取用《周髀》上的古法"周三径一"($\pi=3$),刘徽指出$\pi=3$误差过大,他开始研究比较准确的近似值."刘徽在方田章圆田术中,创始用他的割圆术计算圆周率,开中国数学发展中圆周率研究的新纪元.刘徽首先肯定圆内接正多边形的面积小于圆面积.但将边数屡次加倍,从而面积增大,边数愈大则正多边形面积愈近于圆面积.他说,'割之弥细,所失弥少.割之又割,以至于不可割,则与圆合体①而无所失矣'.这几句话反映了他的极限思想"[17]刘徽由圆内接正六边形开始,不断地分割各个弧段,逐步割出圆内接正12边形,正24边形,正48边形,正96边形.这些圆内接正多边形的周长和面积是能够计算的,求出它们的极限值就得到所求的圆周长和圆面积.

刘徽巧妙地多次使用勾股定理推导出分割前后即从圆内接正n边形到$2n$边形的递推公式,并具体而详尽地表述出计算过程.下面介绍刘徽割圆使用

---

① 这里是钱宝琮先生版本;王能超《千古绝技"割圆术"——刘徽的大智慧》第24页,第30页;李文林《数学史概论》第79页也都是"与圆合体".《中国大百科全书·数学》第451页(郭书春)是"与圆周合体".可能古代版本不同.

的计算公式,它是文献[18]的作者根据《割圆术》术文归纳出来的.

如图10.1所示,点 O 为圆心, AB 为圆内接正 n 边形的一边,点 C 为弧 AB 的中点,故 AC 是圆内接正 $2n$ 边形的一边. 易知 $OC \perp AB$,勾股形 OAG 中的"弦"OA 为半径,而"勾"AG 为边 AB 之半,即

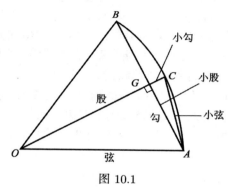

图 10.1

$$|AG| = \frac{1}{2}|AB|,$$

根据勾股定理,"股"长

$$|OG| = \sqrt{|OA|^2 - |AG|^2}.$$

再考察小勾股形 ACG,其"小勾"CG 为

$$|CG| = |OC| - |OG|,$$

而"小股"AG 为大勾股形 OAG 的"勾",故可根据勾股定理求出"小弦"AC 长

$$|AC| = \sqrt{|AG|^2 + |CG|^2},$$

此即圆内接正2n边形的边长.

由于$AG \perp OC$,等腰$\triangle AOC$的面积

$$S_{\triangle AOC} = \frac{1}{2}|AG| \cdot |OC|,$$

故得

圆内接正2n边形的面积$=2n \times S_{\triangle AOC}$.

引入代数符号,设圆面积为S,半径为r,圆内接正n边形的边长为l_n,周长为L_n,面积为S_n. 将边数加倍后,得到圆内接正2n边形,其边长、周长、面积分别记为l_{2n}, L_{2n}, S_{2n}[8][18]. 上述公式可表示为

$$|OG| = \sqrt{r^2 - \left(\frac{l_n}{2}\right)^2},$$

$$|CG| = r - \sqrt{r^2 - \left(\frac{l_n}{2}\right)^2},$$

$$l_{2n} = |AC| = \sqrt{\left(\frac{l_n}{2}\right)^2 + \left[r - \sqrt{r^2 - \left(\frac{l_n}{2}\right)^2}\right]^2},$$

$$S_{\triangle AOC} = \frac{1}{2}\left(\frac{1}{2}l_n\right) \cdot r,$$

$$S_{2n} = \frac{n}{2}l_n \cdot r.$$

根据刘徽导出的这组公式,利用圆内接正n边形的边长l_n即可计算出圆内接正2n边形的边长l_{2n}与面积S_{2n}. 我们称这组递推公式为刘徽公式,它是割圆计算的基础.

文献[18]在第91页进一步指出:割圆计算的理论基础是勾股定理.

计算圆周率,可取圆半径$r=1$,则上述刘徽公式可书写为更简洁的迭代形式

$$l_{2n} = \sqrt{2 - \sqrt{4 - l_n^2}},$$

$$S_{2n} = \frac{1}{2}nl_n,$$

式中$n=6,12,24,48,\cdots$.

为了提高精度,刘徽想到控制误差,这在公元3世纪是非常了不起的.

为估算误差的大小,智慧过人认真细致的刘徽用很巧妙的方法导出一个很有用的不等式——后人称刘徽不等式.

如图10.2所示,若在圆内接正n边形的每条边上作一高为GC的矩形,就可证明

$$S_{2n} < S < S_{2n} + (S_{2n} - S_n).$$

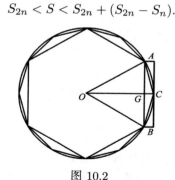

图 10.2

这样,刘徽不必计算圆外切正多边形就可以算出圆周率的上限和下限.

不等式的证明并不难,将图 10.2 中的扇形 OAB 放大为图 10.3,将高为 GC 的矩形记为 $\square ABEF$. 注意到 $\square ABEF$ 由四个全等勾股形组成,其中 ACG 和 BCG 属于正 n 边形增加为正 $2n$ 边形所增加的区域 $(S_{2n} - S_n)$ 内,其面积为 $\frac{1}{n}(S_{2n} - S_n)$,由此可知勾股形 CBE 和 CAF 的面积亦是 $\frac{1}{n}(S_{2n} - S_n)$,故

$$S_{2n} < S < S_{2n} + n \cdot \frac{1}{n}(S_{2n} - S_n) = S_{2n} + (S_{2n} - S_n).$$

上式可改写为

$$0 < S - S_{2n} < S_{2n} - S_n.$$

综上所述,"割圆术"是一个拥有迭代公式、迭代初值(可取 $l_6 = r = 1$)和误差控制$(S_{2n} - S_n)$的完整迭代算法.

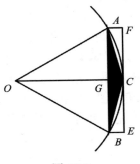

图 10.3

李大潜院士对《千古绝技"割圆术"——刘徽的大智慧》的评价中指出:"刘徽是我国历史上一位值

得大书特书的数学家,他在对《九章算术》的注述中关于圆面积的论述——割圆术,是一经典而意义深远的数学文献.祖冲之关于圆周率 π 的杰出成果在国际上遥遥领先一千多年,其算法虽失传,但在其二百年前的刘徽在割圆术中已明确提出了算法的一般原则和技巧,并作了具体的计算,其贡献应远远在祖冲之之上.但世人只知有祖不知有刘,显然有失偏颇"[18].现在,经过史学界的研究,人们普遍认为祖冲之的"缀术"是继承了刘徽的"割圆术"."缀"是缀补、补充的意思.祖冲之的"缀术"是《九章算术》的刘徽注的"祖冲之注".

更为神奇的是:刘徽还提供了一种绝妙的"精加工"方法.他将割到96与192边形的近似值(只有1、2位有效数字),通过加权平均,竟然获得具有4位有效数字的圆周率3.1416.刘徽指出,如果通过割圆计算要得到这个结果,就要割到3072边形.这种神奇的"精加工"技术是"割圆术"中最为精彩的部分,可由于人们对它缺乏理解而被长期埋没了,这是王能超教授的重大发现,是数学史上的重大事件.

王能超教授的书,文献[18],在我见到的数学读物中首屈一指,值得多次阅读.它是王教授根据献给导师的两篇学术论文精加工而成,既是文字优美的科普创作又是通俗易懂的学术专著.

下面介绍刘徽的另一杰作《海岛算经》,展示其与勾股的联系.

《周髀算经》记载,古代杰出数学家陈子对太阳的高和远进行测量,为解决日远的计算,陈子还最早完整地表述了一般勾股定理,这就是人们乐于称道的"陈子测日".陈子的测日法所反映的数学及测量水平在世界上是遥遥领先的,而且他的测量方法(后人叫做重差术)至今仍在使用.所以,人们称陈子为测量学之鼻祖.

刘徽把量日高的理论施之于量"泰山之高与江海之广","辄造重差,并为注解,以究古人之意,缀于勾股之下".原来这一重差理论是作为《九章算术注》的第十卷附于勾股章之后.由上可见,从陈子到刘徽,重差术与勾股术是紧密联系着的.唐朝初年把第十卷重差和《九章》分离而单行,改称为《海岛算经》,作为"十部算经"的一部.

刘徽自序说:"凡望极高,测绝深而兼知其远者必用重差.勾股则必以重差为率,故曰重差也.立两表于洛阳之城,令高八尺.南北各尽平地,同日度其正中之景(景与影古代音义皆同).以景差为法,表高乘表间为实,实如法而一,所得加表高,即日去地也.……"[17][19][7]

吴文俊院士在文献[19]中指出:自序中概括了日高理论的三个基本公式

$$日去地 = \frac{表高 \times 表间}{影差} + 表高;$$

$$南戴日下 = \frac{南表影 \times 表间}{影差};$$

$$日去人 = \sqrt{(南戴日下)^2 + (日去地)^2}.$$

第三个基本公式就是勾股定理.前两个公式就

是第一节中,用两髀(即表亦即现代测量用的标杆)测日影以求日高、日远的公式,现在给出证明.[17]

如图10.4(即前图1.2)所示,作 $B'K // A'C$,KD 即为日影差:

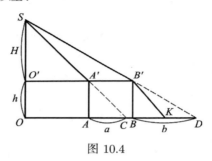

图 10.4

日影差(影差)$KD = BD - AC$,两表距(表间)AB 或 $A'B'$ 为南北两表离"日下"点 O 的距离差. 由于

$$\triangle SO'A' \sim \triangle B'BK; \quad \triangle SA'B' \sim \triangle B'KD,$$

故

$$\frac{SO'}{B'B} = \frac{O'A'}{BK} = \frac{SA'}{B'K} = \frac{A'B'}{KD},$$

即

$$\frac{日高-表高}{表高} = \frac{日下与南表(前表)距}{南表日影长} = \frac{两表距}{日影差},$$

由此得出

$$日高(日去地) = \frac{表高 \times 表距}{日影差} + 表高;$$

$$日远(南戴日下) = \frac{南表影 \times 表距}{日影差}.$$

上述证明属于钱宝琮教授,他在图10.4中添加一条与$A'C$相平行的线段$B'K$,很容易地验证了日高基本公式的正确性. 他的目的与兴趣只是说明日高公式是重差理论中一个基本的正确的公式,仅此而已[17]. 钱教授还阐明了为什么叫重差,因为公式里出现表日距之差与日影差之比,是两个差数之比,所以叫重差.

吴文俊院士指出:"我国从来没有像西方那样在一条还是几条平行线上纠缠不清而另有发展重点,这正好说明我国几何学的特点与其高超之处"[19]. "在我国古代几何中,并未见到明显的平行线概念,角度也很少用,虽有比例理论,但文献所载局限于勾股相似形的简单比例关系,……像李潢那样滥添平行线的作法,更难允许"[20]. 吴院士更强调,"用现代数学概念或方法去验证或说明古代数学的正确性的做法并不是数学史研究的目的,数学史家必须更加注重'复原'历史上的这些数学究竟是如何做出来的"[21].

前已多次介绍《周髀》中的日高公式,刘徽在《海岛算经》第1题中,改测日的高为望海岛的高,如图 10.5 所示,AB是海岛,H和I是人目望岛顶和两表上端相参合的地方,于是日高公式成为

$$岛高 = \frac{表高 \times 表距}{表目距的差} + 表高.$$

刘徽的注和图都已失传,吴文俊院士根据现存的赵爽《日高图说》和残图以及其他佐证,将刘徽的证明复原为:"原证当大致如下: 由出入相补原

理,得
$$\square JG = \square GB, \qquad (1)$$
$$\square KE = \square EB, \qquad (2)$$

相减得 $\square JG - \square KE = \square GD$,

所以 $(FI - DH) \times AC = ED \times DF$,

即　表目距的差 × (岛高 − 表高) = 表高 × 表距.

这就得到上述公式"[6].

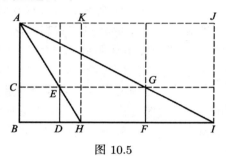

图 10.5

该证明简洁明了、直观易懂. 式(1)和式(2)指矩形面积相等.

吴院士认为:《海岛算经》共九题都属测高望远之类,所得公式分母上都有两测的差,重差这一名称可能由此而来. [6]

最近见到台湾中研院数学所李国伟教授的论文《初探"重差"的内在理路》,该文认为《九章勾股篇》后几题运用相似勾股形的程度,较《周髀》成熟,所以很可能在刘徽掌握之中的,包括了相似勾股形各种比例关系,他灵活运用这些比例关系而创作了《重差》.

吴文俊院士在文献[20]后记中说:"本文写成后重读李继闵同志的《从勾股比率论到重差术》,李文提出对重差一词的解释以及我国古代测望理论'出入相补'→'相似勾股理论'→重差术的发展过程,论证令人信服."

由上可知,《海岛算经》(即重差术)是勾股比率论的发展,而其在测量方式上是重复多次进行勾股测量,而刘徽的勾股测量术是相似勾股形理论的发展.

综上分析,刘徽贡献最为突出的"割圆术",其理论基础是勾股定理;刘徽另一杰作《海岛算经》是勾股术的应用与发展并已成为勾股测量学的典籍;刘徽创建出入相补原理严格证明了:勾股定理,整勾股数的一般公式,勾股定理的各种变形.可见"刘徽勾股"的提法是很科学、很确切的.

附录

关于勾股定理的命名及商高是否证明了勾股定理

勾股定理,日本叫做三平方定理、英美叫毕达哥拉斯定理,我国解放前也叫毕达哥拉斯定理. 其实,20世纪二三十年代便有人主张将"毕达哥拉斯定理"改称为"商高定理". 50年代初国内曾展开关于这个定理命名问题的讨论. 有人主张称为"商高定理",赞同的人很多,程纶先生根据《周髀算经》上的直接资料和德国人俾厄内替克(Biernatzki,1856)的间接资料归纳为三条:

"(一)商高所说的内容和毕达哥拉斯所说的内容是相同的;

(二)由汉赵君卿注文的解释,更可见商高所说也有面积的意义,这也与毕达哥拉斯是一样的;

(三)商高约在纪元前1120年,毕达哥拉斯约在纪元前500年,就是说商高早于毕达哥拉斯约600年之久.

因此,我们可以把毕达哥拉斯定理改称为商高定理"[24][25].

章鸿钊先生认为:"从禹发明勾三股四弦五的初步勾股术,至周初用八尺之髀(表)测日影,虽已推广到勾三股四弦五的倍数,但是在基本上还没有解除三、四、五这三个数字的束缚,换一句话说,那时候的勾股术还没有普遍化,……而得到'勾自乘加股自乘,等于弦自乘'的一个普遍定理"[1].到陈子才提出了普遍的定理,故应称"陈子定理".1952年10月,章先生之子章元龙提出"定理的发现者为谁"的判定标准:其一是必须"把这个数理关系推衍到普遍化";其二是必须"证明"了这一普遍定理[26].大概由于当时对商高是否具备上述两条难以作出确切的判断.因而数学史家钱宝琮等主张称该定理为"勾股定理"而不冠以人名.

1982年,台湾清华大学历史研究所陈良佐教授发表论文《赵爽勾股圆方图注之研究》[27],对赵爽的《勾股圆方图注》作了全面性的注释和讨论,首次从剖析赵爽对《周髀》中商高答周公问一段文字注释的角度给出了原文一些极富有启发性的说明.促使关于《周髀算经》的研究日益活跃,特别是商高答周公"数之法出于圆方"章引起海内外众多学者的浓厚兴趣,引发了新一轮"商高是否证明了勾股定理"的讨论.

陈良佐教授在文献[27]的结论中说:"刘徽勾股定理的证明,基本上与赵爽的注,并无太大的差异.大概都是根据《周髀》'半其一矩,环而共盘'得来的".7年后(1989),陈良佐教授发表《周髀算经勾股定理的证明与出入相补原理的关系》[10]再次强调不仅刘徽与赵爽证明勾股定理的方法是从《周髀》而来,就是刘徽所建立的"出入相补"原理也是从《周髀》而来的.

2003年,吴文俊院士在专著《数学机械化》第二章§2.3中说:"在《周髀》中有一段商高和周公关于勾股定理的对话. 对话中提到了特殊的三元组(3,4,5),但正如我们前面已多次指出的那样,这只是一种示例. 这段对话中有几句话以前一直难以理解. 幸好陈良佐,李国纬(台湾)和李继闵(大陆)教授在最近的研究中分析了这段话的意思,他们得出结论证实那几句话可以看成是一般勾股定理的证明,尽管不是太严格. 三国时期的赵爽(约公元3世纪)对《周髀》作了注释,赵爽注形成了本书第一章第一节中提到的两篇独立的文章 [ZS1]* 和 [ZS2]*. [ZS1]* 还有一些彩色附图也幸存至今. 利用了这些年代久远的附图,同时也由于对原文中一些文字的恰当理解,上面提到的几位数学家建议了一个看来是符合古代原证的勾股定理证明. 下面的图2.8引自文献 [LJM1][①].

在附录图1中,图(1),(2),(3)分别对应下面的陈述(其中1,2,3为作者所加):

(1) 既方之.

(2) 外半其一矩.

(3) 环而共盘,得成三、四、五. "[31]

---

① 李继闵. 刘徽对整勾股数的研究.《科技史文集》第8集. 上海:上海科学技术出版社.

2005—2007年一直有讨论的文章发表,目前还属于百家争鸣的范畴.有兴趣的读者可阅读参考文献[9]、[10]、[25]~[31],或许有所启发,有所得益.

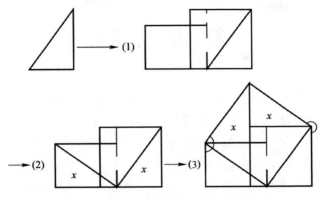

附录图 1 《周髀》中的勾股定理(原文图 2.8)

参 考 文 献

[1] 章鸿钊. 周髀算经上之勾股普遍定理:"陈子定理". 数学杂志, 1951 (1): 13—15

[2] 梁宗巨. 数学历史典故. 沈阳: 辽宁教育出版社, 1992

[3] 章鸿钊. 禹之治水与勾股测量术. 数学杂志, 1951 (1): 16—17

[4] 梁绍鸿. 初等数学复习及研究(平面几何). 北京: 人民教育出版社, 1958; 1979

[5] [美]列昂纳多·姆洛迪诺夫. 几何学的故事. 沈以淡, 等译. 海口: 海南出版社, 2004

[6] 吴文俊. 出入相补原理//自然科学史研究所. 中国古代科技成就. 北京: 中国青年出版社, 1978

[7] 吴文俊. 吴文俊论数学机械化. 济南: 山东教育出版社, 1996

[8] 李文林. 数学史概论(第二版). 北京: 高等教育出版社, 2005

[9] 曲安京. 商高、赵爽与刘徽关于勾股定理的证明. 数学传播, 1996, 20(3)

[10] 陈良佐. 周髀算经勾股定理的证明与"出入相补"原理的关系. 汉学研究（台湾），1989，7(1)：255—281

[11] 郁祖权. 中国古算解趣. 北京：科学出版社，2004

[12] 王树禾. 数学思想史. 北京：国防工业出版社，2003

[13] 胡作玄. 从毕达哥拉斯到费尔马. 郑州：河南科学技术出版社，1997

[14] 李心灿. 微积分的创立者及其先驱. 北京：航空工业出版社，1991

[15] 张奠宙，张广祥主编. 中学代数研究. 北京：高等教育出版社，2006

[16] 王增藩. 苏步青传. 上海：复旦大学出版社，2005

[17] 钱宝琮. 中国数学史. 北京：科学出版社，1964，1981

[18] 王能超. 千古绝技"割圆术"——刘徽的大智慧（第二版）. 武汉：华中科技大学出版社，2003

[19] 吴文俊. 我国古代测望之学重差理论评介兼评数学史研究中某些方法问题//自然科学史研究所数学史组编. 科技史文集（第8辑）. 上海：上海科学技术出版社，1982

[20] 吴文俊.《海岛算经》古证探源//吴文俊.《九章算术》与刘徽. 北京：北京师范大学出版社，1982

[21] 曲安京. 中国历法与数学. 北京：科学出版社，2005

[22] 邵品琮. 漫谈几何学. 北京：科学出版社, 1986

[23] 蔡宗熹. 等周问题. 北京：人民教育出版社, 1964；北京：科学出版社, 2002；香港：智能教育出版社, 2003

[24] 程纶. 毕达哥拉斯定理应改称商高定理. 数学杂志, 1951 (1)：12—13

[25] 李继闵. "商高定理"辨证. 自然科学史研究, 1993, 12 (1)：29—41

[26] 章元龙. 关于商高或陈子定理的讨论. 数学杂志, 1952, 1 (4)：45

[27] 陈良佐. 赵爽勾股圆方图注之研究. 大陆杂志, 1982, 64 (1)：18—37

[28] 李培业. 商高定理古证冥求. 高等数学研究, 2006, 9 (1)：58—62

[29] 李国伟. 论《周髀算经》"商高曰数之法出于圆方章"//鲁经邦编. 第二届科学史研讨会汇刊（台湾）, 1991. 227—234

[30] 李国伟. 初探"重差"的内在理路. 科学史通讯（台湾）, 1984 (3)

[31] 吴文俊. 数学机械化. 北京：科学出版社, 2003

致 谢

　　本书得到北京航空航天大学李心灿教授的推荐、鼓励与多方帮助和指导；得到中国科学院数学与系统科学研究院李文林研究员为我提供的吴文俊院士和台湾学者的关键资料，并在百忙中耐心解答我提出的数学史上的各种问题；得到主编李大潜院士的多方指导与督促，并挤出时间认真审阅原稿且提出很多修改意见，使本书大为增色．没有三位李教授的鼓励、帮助与指导，本书是不可能完成的，在此深表感谢．

郑重声明

高等教育出版社依法对本书享有专有出版权。任何未经许可的复制、销售行为均违反《中华人民共和国著作权法》,其行为人将承担相应的民事责任和行政责任;构成犯罪的,将被依法追究刑事责任。为了维护市场秩序,保护读者的合法权益,避免读者误用盗版书造成不良后果,我社将配合行政执法部门和司法机关对违法犯罪的单位和个人进行严厉打击。社会各界人士如发现上述侵权行为,希望及时举报,我社将奖励举报有功人员。

反盗版举报电话　　(010)58581999　58582371
反盗版举报邮箱　　dd@hep.com.cn
通信地址　　北京市西城区德外大街4号　高等教育出版社法律事务部
邮政编码　　100120

读者意见反馈

为收集对教材的意见建议,进一步完善教材编写并做好服务工作,读者可将对本教材的意见建议通过如下渠道反馈至我社。

咨询电话　　400-810-0598
反馈邮箱　　hepsci@pub.hep.cn
通信地址　　北京市朝阳区惠新东街4号富盛大厦1座
　　　　　　高等教育出版社理科事业部
邮政编码　　100029